多复变中的L^2方法与L^2延拓定理

李 植 编著

内 容 简 介

本书介绍了多复变中的L^2方法和L^2延拓定理. L^2方法是多复变和复几何领域的经典研究方法，被用于研究很多重要的问题，如Levi问题、Cousin问题、Stein流形的嵌入问题、L^2延拓问题等，其中带有最优估计的L^2延拓问题是多复变中的重要问题.

本书第1章介绍了全纯逼近问题和最优L^2延拓定理的背景. 第2章介绍了一些基础知识，主要包括多复变中的一些基本概念和基本结果. 第3章介绍了L^2方法的一些相关结果. 第4章和第5章给出了本书主要结果的证明过程，包括全纯截面的加权逼近和带有导数的Bergman核的下界估计等号成立的必要条件.

本书可作为高等院校学生了解多复变函数论的参考书.

图书在版编目(CIP)数据

多复变中的 L^2 方法与 L^2 延拓定理 / 李植编著. -- 北京：北京邮电大学出版社，2023.6（2024.6重印）

ISBN 978-7-5635-6930-4

Ⅰ. ①多… Ⅱ. ①李… Ⅲ. ①延拓-研究 Ⅳ. ①O175.1

中国国家版本馆 CIP 数据核字（2023）第 099722 号

策划编辑： 彭 楠 **责任编辑：** 王晓丹 耿 欢 **责任校对：** 张会良 **封面设计：** 七星博纳

出版发行： 北京邮电大学出版社
社 址： 北京市海淀区西土城路 10 号
邮政编码： 100876
发 行 部： 电话：010-62282185 传真：010-62283578
E-mail: publish@bupt.edu.cn
经 销： 各地新华书店
印 刷： 河北虎彩印刷有限公司
开 本： 787 mm×1 092 mm 1/16
印 张： 8
字 数： 158 千字
版 次： 2023 年 6 月第 1 版
印 次： 2024 年 6 月第 2 次印刷

ISBN 978-7-5635-6930-4 定价：49.00 元

前　　言

L^2 方法是多复变和复几何领域的经典研究方法, 被用于研究很多重要的问题, 包括 Levi 问题、Cousin 问题、Stein 流形的嵌入问题、L^2 延拓问题等. 在特定的权函数下, 平方可积的全纯截面是重要的研究对象. 1971 年, Taylor 给出了在一类不同权函数下平方可积的全纯函数空间的稠密性, 并给出了其在复动力系统研究中的重要应用. 最近, Fornaess 和 Wu 改进了 Taylor 的结果.

带最优估计的 L^2 延拓问题是多复变函数论中的基本问题. 自 Ohsawa-Takegoshi 得到带良好估计的 L^2 延拓定理后, 许多著名数学家通过建立各种方法得到了带更好估计的 L^2 延拓定理, 但这些方法都不能回答带最优估计的 L^2 延拓问题. 周向宇以新的想法开始该问题的研究, 并与学生朱朗峰和关启安取得突破. 2015 年, 关启安和周向宇得到了宽泛的带最优估计的 L^2 延拓定理并给出了其应用, 还解决了 Suita 猜想等号成立的充要条件部分, 即完全解决了 Suita 猜想.

本书包括关启安和周向宇证明具有最优估计 Ohsawa-Takegoshi L^2 延拓定理的方法的两个应用. 第一个是应用待定函数法改进了 Fornaess 和 Wu 的结果并且作为推论得到了在超凸流形上 Taylor 的稠密性问题成立. 第二个是给出了 Bergman 引入的带有导数的 Bergman 核的下界估计等号成立的必要条件.

特别感谢周向宇院士审阅了本书并提出了很多宝贵的意见. 本书的编写得到了北京邮电大学理学院的支持. 在此一并表示感谢! 本书的出版得到了中央高校基本科研经费 (500422378) 的资助.

作　者

2022 年 12 月

前　言

目　录

第 1 章　引　言

1.1　研究背景

构造全纯对象一直是多复变与复几何中的重要问题. 在一维的情况下, 因为对应的 Cauchy-Riemann 方程是恰定方程, 所以有很多的工具可以应用. 但是, 在高维情况下, 因为对应的 Cauchy-Riemann 方程是超定方程, 同样的工具并不适用. 在文献 [1] 中, Garabedian 和 Spencer 给出了一种方法, 可是这种方法在实施的过程中会有很多困难. 直到 1958 年, Morrey[2] 在这种方法中发现了证明 L^2 估计的一般方法. 他的方法分别被 Kohn[3] 和 Ash[4] 做了推广和简化. 在文献 [5] 中, Kohn 得到了关于边界正则性的一些结果, 这些结果的证明可以参考文献 [6]. 之后, Hörmander 在文献 [7] 中通过穷竭和逼近的方法避免了 Kohn 所讨论的边界正则性的问题, 这些方法在文献 [8] 和文献 [9] 中已经有所体现. 此外, Hörmander 还得到了平面区域上的 Morrey-Kohn 型不等式, 用 L^2 方法得到了 Andreotti 和 Grauert 在文献 [10] 中结果的新证明, 并且文献 [10] 中的结论还可以用来构造满足一定增长条件的全纯函数, 而利用经典的方法构造这种函数是不容易的. 现在, L^2 方法作为多复变与复几何中的一种统一的处理方法, 已经成功地应用于乘子理想、Kähler-Einstein 流形、全纯延拓以及全纯逼近等方面, 并得出了诸多结论, 如乘子理想层的解析凝聚性 [11]、乘子理想层的强开性质 [12]、多种 Oka-Weil 型稠密性定理 [13-15]、具有最优常数的 L^2 延拓定理 [16] 等. 最近, 以 L^2 理论的逆理论为代表的研究取得了丰硕的成果, 并获得了诸多应用, 如向量丛奇异度量及其消没定理等.

1.2　全纯逼近

全纯逼近理论在复分析、全纯动力系统、欧氏空间中的极小曲面以及其他相关的数学领域中有重要的应用. 全纯逼近提供了构造复流形之间具有特定性质的全纯映射的不可或缺的工具.

全纯逼近理论的源头可以追溯到 1885 年的两个经典定理, 其中一个是 Runge 定理, 这个定理考虑了有理函数逼近.

定理 1.2.1 (参考文献 [17]) 令 $K \subset \mathbb{C}$ 是一个紧集. 每一个定义在 K 的一个邻域上的全纯函数都可以被极点不在 K 中的有理函数一致逼近. 如果 $\mathbb{C} \setminus K$ 是连通的, 则可以被全纯多项式一致逼近.

定理 1.2.1 的一种证明方法是利用 Cauchy-Green 公式: 对于任何具有紧支集的函数 $f \in C_0^1(\mathbb{C})$,

$$f(z) = \frac{1}{\pi} \int_{\mathbb{C}} \frac{\overline{\partial} f(\zeta)}{z - \zeta} \mathrm{d}u\mathrm{d}v, \quad z \in \mathbb{C}, \zeta = u + \mathrm{i}v. \tag{1.2.1}$$

这里 $\overline{\partial} f(\zeta) = (\partial f / \partial \overline{\zeta})(\zeta)$.

另一个重要的经典定理是 Weierstrass 定理的推广.

定理 1.2.2 (参考文献 [18]) 假设 f 是有界闭区间 $[a, b] \subset \mathbb{R}$ 上的一个连续函数. 那么对于任意的 $\epsilon > 0$, 存在多项式 $p(x)$ 使得对于任意的 $x \in [a, b]$,

$$|f(x) - p(x)| < \epsilon.$$

这个定理的一个复分析版本的推广是 Mergelyan 定理.

定理 1.2.3 (参考文献 [19]) 令 $K \subset \mathbb{C}$ 是一个紧集并且 $\mathbb{C} \setminus K$ 是连通的. 那么对于每一个在 K 上连续, 且在 K° 上全纯的函数 f 都可以在 K 上由全纯多项式一致逼近.

定理 1.2.3 可以看作定理 1.2.1 和定理 1.2.2 的推广. 但是在高维中, 定理 1.2.3 一般是不成立的. 但是更一般地有 Oka-Weil 定理.

定理 1.2.4 (参考文献 [20] 或 [21]) 如果 X 是一个 Stein 流形, $K \subset X$ 是一个全纯凸的紧子集, 那么每一个在 K 的一个邻域内全纯的函数都可以被 X 上的全纯函数一致逼近.

定理 1.2.4 最初是由 Cartan 延拓定理证明的. 在文献 [7] 中, Hörmander 用 L^2 方法证明了一个更加广泛的定理.

定理 1.2.5 (参考文献 [7] 或 [15]) 设 X 是一个 Stein 流形, ρ 是一个光滑的严格多次调和函数,

$$\Omega = \{z \in X : \rho(z) < 0\}$$

是一个相对紧区域, 并且在 $\partial\Omega$ 上 $\mathrm{d}\rho \neq 0$. 令 $\mathrm{d}V$ 是 X 上的一个光滑的体积形式, f 是 Ω 上的一个全纯函数并且

$$\int_{\Omega} |f|^2 \mathrm{d}V < \infty,$$

那么, 存在 X 上的全纯函数 $f_j (j = 1, 2, \cdots)$ 使得

$$\lim_{t \to \infty} \int_{\Omega} |f - f_j|^2 \, \mathrm{d}V = 0.$$

注意, 在定理 1.2.5 中, 一般不能要求 f 是 X 上的平方可积的全纯函数. 因为 X 上可能不存在非平凡的平方可积全纯函数. 于是, 在文献 [22] 中, Taylor 提出了一个问题: 如果在加权的情况下, 并且在权函数变动的情况下, 是不是有类似的稠密性结果? 他给出了如下结论.

定理 1.2.6 (参考文献 [22])　假设 $\varphi_1 \leqslant \varphi_2 \leqslant \cdots$ 是 $\mathbb{C}^n$ 中的多次调和函数, $\varphi(z) = \lim\limits_{j\to\infty} \varphi_j(z)$, 并且假设对于任意的紧集 K, 有 $\int_K \exp(-\varphi_1)\mathrm{d}\lambda < \infty$, 那么

$$\bigcup_{j=1}^{\infty} A^2(\mathbb{C}^n, \varphi_j(z) + \log(1+|z|^2)).$$

Hilbert 空间 $L^2(\mathbb{C}^n, \varphi(z) + \log(1+|z|^2))$ 中的闭包包含 $A^2(\mathbb{C}^n, \varphi(z) + \log(1+|z|^2))$. 其中 $A^2(\mathbb{C}^n, \varphi(z) + \log(1+|z|^2))$ 是在权函数 $\varphi(z) + \log(1+|z|^2)$ 下平方可积的全纯函数的集合.

最近, Fornaess 和 Wu 改进了定理 1.2.6, 参考文献 [23] .

定理 1.2.7 (参考文献 [23])　令 $\varphi_1 \leqslant \varphi_2 \leqslant \varphi_3 \cdots$ 是 $\mathbb{C}^n$ 中的多重次调和函数. 设 $\varphi(z) = \lim\limits_{j\to\infty} \varphi_j(z)$, 那么对于任意的 $\epsilon > 0$, $\bigcup\limits_{j=1}^{\infty} A^2(\mathbb{C}^n, \varphi_j(z) + \epsilon\log(1+|z|^2))$ 在 $A^2(\mathbb{C}^n, \varphi(z) + \epsilon\log(1+|z|^2))$ 中稠密.

其他关于 C^k 拓扑或者 L^p 拓扑的介绍可以参考文献 [24]~ [30].

本书尝试改进定理 1.2.6 和定理 1.2.7 中的结果, 并且尝试找出一类区域使得 Taylor 在文献 [22] 中提出的稠密性问题是成立的. 具体地, 本书的主要结论如下.

定理 1.2.8　令 (X, ω) 是 Stein Kähler 流形, ω 是 X 上的 Kähler 度量, Ψ 是 X 上的一个有下界的多次调和穷竭函数. 令 L 是 X 上的一个全纯线丛, $\{h_k\}, h$ 是 L 上的 (奇异) 度量, 并且

(1) $\sqrt{-1}\Theta_{(L,h_k)} \geqslant 0$ 和 $\sqrt{-1}\Theta_{(L,h)} \geqslant 0$ (在 current 意义下);

(2) 对于任意的 $K_X \otimes L$ 的全纯截面 v, $|v|_{h_k,\omega}$ 单调递减收敛到 $|v|_{h,\omega}$,

那么 $\bigcup\limits_{k=1}^{\infty} A^2(X, K_X \otimes L, h_k\mathrm{e}^{-\Psi})$ 在 $A^2(X, K_X \otimes L, h\mathrm{e}^{-\Psi})$ 中稠密.

定理 1.2.8 可以覆盖定理 1.2.6 和定理 1.2.7, 且有如下推论.

推论 1.2.1　令 (X, ω) 是一个超凸的 Kähler 流形, ω 是 X 上的一个 Kähler 度量. 令 L 是 X 上的一个全纯线丛, $\{h_k\}, h$ 是 L 上的 (奇异) 度量, 并且

(1) $\sqrt{-1}\Theta_{(L,h_k)} \geqslant 0$ 和 $\sqrt{-1}\Theta_{(L,h)} \geqslant 0$ (在 current 意义下);

(2) 对于任意的 $K_X \otimes L$ 的全纯截面 v, $|v|_{h_k,\omega}$ 单调递减收敛到 $|v|_{h,\omega}$,

那么 $\bigcup\limits_{k=1}^{\infty} A^2(X, K_X \otimes L, h_k)$ 在 $A^2(X, K_X \otimes L, h)$ 中稠密.

上述推论说明了 Taylor 在文献 [22] 中提出的稠密性问题在超凸流形上是成立的.

1.3 非约化解析集上的 L^2 延拓

令 M 是一个复流形, $V \subset M$ 是一个解析簇, V 上定义的全纯函数或者全纯截面在 M 上的全纯延拓问题一直是多复变与复几何领域中的基本问题. 在 M 是 Stein 流形的情形下, 著名的 Cartan 定理保证了全纯延拓的存在性. 作为 Cartan 定理的推广, Ohsawa-Takegoshi L^2 延拓定理[31] 考虑的是带有 L^2 条件的全纯函数或者全纯截面的延拓. Demailly[32] 把 Ohsawa-Takegoshi L^2 延拓定理推广到了弱拟凸流形. L^2 延拓定理有一系列应用, 如拟多次调和函数的 Demailly 逼近定理、Siu 的多亏格不变定理[33]、Demailly 强开性猜想的解决[12] 等.

在文献 [16] 中, 关启安教授和周向宇院士在 Stein 流形上得到了一个一般的具有最优估计的 L^2 延拓定理.

假设 M 是一个 n 维复流形, $S \subset M$ 是流形 M 的一个复子簇. 令 $\mathrm{d}V_M$ 是流形 M 上的一个连续. 我们考虑从流形 M 到区间 $[-\infty, A)$ 的函数 Ψ, 其中 $A \in (-\infty, +\infty]$, Ψ 满足下面的条件:

(1) $\Psi^{-1}(-\infty) \supset S$, 且 $\Psi^{-1}(-\infty)$ 是流形 M 的闭子集;

(2) 假设 S 在 $x \in S_{\mathrm{reg}}$ 附近是 l 维的 (S_{reg} 是子簇 S 的正则部分),

那么在点 x 处存在邻域 U 和上面的局部坐标 $(z_1, \cdots, z_n)$ 使得在 $S \cap U$ 上, 有 $z_{l+1} = \cdots = z_n = 0$, 并且

$$\sup_{U \setminus S} |\Psi(z) - (n-l)\log \sum_{l+1}^{n} |z_j|^2| < \infty.$$

我们把这样的函数 Ψ 称为极函数, 并且用集合 $\#_A(S)$ 来表示. 我们用记号 $\Delta_A(S)$ 表示极函数集合 $\#_A(S)$ 中的多次调和函数.

对于每一个 $\Psi \in \#_A(S)$, 我们都可以在 S_{reg} 上定义测度 $\mathrm{d}V_M[\Psi]$. $\mathrm{d}V_M[\Psi]$ 可被定义为满足下面条件的偏序集中的最小正测度 $\mathrm{d}\mu$:

$$\int_{S_l} f \mathrm{d}\mu \geqslant \limsup_{t \to \infty} \frac{2(n-l)}{\sigma_{2n-2l-1}} \int_M f \mathrm{e}^{-\Psi} \mathbb{I}_{\{-1-t<\Psi<-t\}} \mathrm{d}V_M,$$

其中 f 是任意的非负函数并且 $\mathrm{supp} f \Subset M$, $\mathbb{I}_{\{-1-t<\Psi<-t\}}$ 是集合 $\{-1-t<\Psi<-t\}$ 的特征函数. 下面我们用 S_l 表示 S_{reg} 的 l 维分支, σ_m 表示 $\mathbb{R}^{m+1}$ 中单位球面的表面积.

设 $c_A(t)$ 是一个定义在 $(-A, +\infty)$ 上的光滑函数, 其中 $A \in (-\infty, +\infty]$, 并且满足

(1) $\left(\int_{-A}^{t} c_A(t_1)\mathrm{e}^{-t_1}\mathrm{d}t_1\right)^2 > c_A(t)\mathrm{e}^{-t}\int_{-A}^{t}\int_{-A}^{t_2} c_A(t_1)\mathrm{e}^{-t_1}\mathrm{d}t_1\mathrm{d}t_2$;

(2) $\int_{-A}^{+\infty} c_A(t)\mathrm{e}^{-t}\mathrm{d}t < \infty$.

定理 1.3.1 (参考文献 [16])　假设 M 是一个 Stein 流形, $S \subset M$ 是一个解析子簇, 函数 Ψ 是集合 $\Delta_A(S) \cap C^\infty(M \setminus S)$ 中的一个多次调和函数. 设 E 是流形 M 上秩为 r 的全纯向量丛, h 是向量丛 E 上的一个光滑 Hermite 度量. 假设 $h\mathrm{e}^{-\Psi}$ 在集合 $M \setminus S$ 上是 Nakano 正的 (当 E 是线丛的时候, h 也可以是半正的奇异度量), 于是存在一个一致的常数 $C = 1$, 使得对于 S 上 $K_M \otimes E|_S$ 的任意满足下面可积性条件

$$\sum_{k=1}^{n} \frac{\pi^k}{k!} \int_{S_{n-k}} |f|_h^2 \mathrm{d}V_M[\Psi] < \infty$$

的全纯截面 f, 都存在流形 M 中 $K_M \otimes E$ 的全纯截面 F 使得在 S 上, 有

$$F = f,$$

并且有估计

$$\int_M c_A(-\Psi)|F|_h^2 \mathrm{d}V_M \leqslant C \int_{-A}^{\infty} c_A(t)\mathrm{e}^{-t}\mathrm{d}t \sum_{k=1}^{n} \frac{\pi^k}{k!} \int_{S_{n-k}} |f|_h^2 \mathrm{d}V_M[\Psi].$$

进一步, 这里的一致常数 $C = 1$ 是最优的.

后来, 朱朗峰教授和周向宇院士合作得到了弱拟凸 Kähler 流形上的具有最优估计的 L^2 延拓定理 [34]. 具有最优估计的 L^2 延拓定理有着许多重要的应用, 包括 Berndtsson 关于相对 Bergman 核的对数多次调和性定理 [35]、Suita 猜想的完全解决 [16].

上面提到的一些结果主要考虑的是约化解析子集上的 L^2 延拓. 在文献 [32] 中, Demailly 得到了非约化解析子集上的 L^2 延拓结果, 并且提出了这样一个问题: 是否可以利用文献 [16] 中的方法得到一个类似的结果.

在本书中, 我们在 Stein 流形的情况下得到了上述 Demailly [32] 定理的一个最优估计版本. 这个推广的结果考虑了非约化解析子集上的 L^2 延拓, 其主要区别在于: 对于待延拓的函数或截面, 我们允许有更灵活的范数选取.

下面我们假设 Ψ 是复流形 M 上具有解析奇点的多次调和函数, 并且假设存在一串离散的跳跃数

$$0 = m_0 < m_1 < \cdots < m_k < \cdots,$$

对于 $m \geqslant 0$, 令 $Y^{(m)} := V(\mathcal{I}(m\Psi))$. 注意, 凝聚层 $\mathcal{I}(m_k\Psi)/\mathcal{I}(m_{k+1}\Psi)$ 的支集 Z_{k+1} 是 $Y^{(m_{k+1})}$ 的一个约化解析子集. 因此, $\mathcal{I}(m_k\Psi)/\mathcal{I}(m_{k+1}\Psi)$ 可以被看作 Zariski 开集 $Z_{k+1}^\circ \subset Z_{k+1}$ 上的向量丛.

令 $\mathrm{d}V_M$ 是复流形 M 上的一个连续的体积形式, L 是复流形 M 上的一个 Hermite 全纯线丛. 正如文献 [32] 那样, 对于一个给定的全纯截面

$$f \in H^0(Y^{(m_{k+1})}, \mathcal{O}_M(K_M \otimes L) \otimes \mathcal{I}(m_k\Psi)/\mathcal{I}(m_{k+1}\Psi)),$$

其中 K_M 是复流形 M 上的典则丛, 我们可以定义 L^2 测度

$$|f|^2 \mathrm{d}V_M[m_{k+1}\Psi]$$

为满足条件

$$\int_{Z_{k+1}^\circ} g\mathrm{d}\mu \geqslant \limsup_{t\to\infty} \int_{\{x\in M: -1-t<\Psi<-t\}} \tilde{g}|\tilde{f}|^2 \mathrm{e}^{-m_{k+1}\Psi}\mathrm{d}V_M$$

的正测度偏序集中的极小元素, 其中 $0 \leqslant g \in C_c(Z_{k+1}^\circ)$, $\tilde{g} \in C_c(M)$ 是 g 的一个非负连续延拓, $\tilde{f}$ 是 f 在复流形 M 上满足条件 $\tilde{f} - f \in \mathcal{I}(m_{k+1}\Psi) \otimes_{\mathcal{O}_M} C^\infty$ 的光滑延拓.

定理 1.3.2 令 M 是 Stein 流形, $\mathrm{d}V_M$ 是 M 上的一个光滑的体积形式, 令 $\Psi < A$ (其中 $A \in (-\infty, +\infty]$) 是流形 M 上的具有解析奇点的多次调和函数. 设 $0 = m_0 < m_1 < \cdots < m_k < \cdots$ 是关于 Ψ 的一个跳跃数序列. 令 L 是流形 M 上的全纯线丛, 并且在 L 上有一个奇异 Hermite 度量 h 使得它的曲率算子 (分布意义下) 在 $M \setminus Y^{(m_{k+1})}$ 上满足

$$\sqrt{-1}\Theta_{(L,h)} \geqslant 0,$$

其中 $Y^{(m_{k+1})} = V(\mathcal{I}(m_{k+1}\Psi))$, 那么对于 $\mathcal{O}_M(K_M \otimes L) \otimes \mathcal{I}'(m_k\Psi)/\mathcal{I}(m_{k+1}\Psi)$ 限制在 $Y^{(m_{k+1})}$ 上的任意全纯截面 f, 并且 f 满足下面的可积性条件

$$\int_{Y^{(m_{k+1})}} |f|_h^2 \mathrm{d}V_M[m_{k+1}\Psi] < +\infty,$$

在 M 上存在 $\mathcal{O}_M(K_M \otimes L) \otimes \mathcal{I}'(m_k\Psi)$ 的整体截面 F, 使得 F 在同态 $\mathcal{I}'(m_k\Psi) \to \mathcal{I}'(m_k\Psi)/\mathcal{I}(m_{k+1}\Psi)$ 下的像是 f, 且

$$\int_M |F|_h^2 c_A(-\Psi)\mathrm{d}V_M \leqslant \left(\int_{-A}^{+\infty} c_A(t)\mathrm{e}^{-m_{k+1}t}\mathrm{d}t\right) \int_{Y^{(m_{k+1})}} |f|_h^2 \mathrm{d}V_M[m_{k+1}\Psi].$$

后面我们会看到, 上述定理中的估计是最优的.

利用这个推广的结果, 我们可以得到一类 jet 型的最优 L^2 延拓定理、一类推广的 Bergman 核取得下界的充分必要条件、一个关于 Riemann 曲面的刚性结果.

在文献 [36] 中, Suita 提出了一个比较 Bergman 核函数与对数容量的猜想. 令 Ω 是一个开 Riemann 曲面, 并且有一个非平凡的 Green 函数 G_Ω. 令 w 是 $z_0 \in \Omega$ 的邻域 V_{z_0} 中的局部坐标, 并且满足 $w(z_0) = 0$. 令 κ_Ω 是 Ω 上全纯 $(1,0)$ 形式的 Bergman 核. 我们定义

$$B_\Omega(z)|\mathrm{d}w|^2 := \kappa_\Omega(z)|_{V_{z_0}},$$

$$B_\Omega(z,\bar{t})\mathrm{d}w \otimes \mathrm{d}\bar{t} := \kappa_\Omega(z,\bar{t})|_{V_{z_0}}.$$

令 $c_\beta(z)$ 是 Riemann 曲面 Ω 的对数容量, 其局部定义为

$$c_\beta(z_0) := \exp\left\{\lim_{z_0 \to z}(G_\Omega(z,z_0) - \log|w(z)|)\right\}.$$

注意, 对数容量 c_β 是典则线丛 K_Ω 的度量.

Suita 猜想指的是对于任意开 Riemann 曲面 Ω,

$$(c_\beta(z_0))^2 \leqslant \pi B_\Omega(z_0). \tag{1.3.1}$$

在此之前, 很多学者都试图证明 Suita 猜想, Ohsawa 在文献 [37] 中发现了 L^2 延拓定理与 Suita 猜想之间的联系, 这也成了研究具有最优常数的 Ohsawa-Takegoshi 延拓定理的初衷之一. 证明 Suita 猜想的思想在文献 [38] 中就已经有所体现. 之后, 几乎在同一时间, Błocki 根据文献 [38] 的方法, 在文献 [39] 中证明了平面区域上的 Suita 猜想. 关启安和周向宇 [16] 利用最优常数 L^2 延拓定理证明了 Riemann 曲面上的 Suita 猜想. 更重要的是, 关启安和周向宇还证明了 Suita 猜想等号成立的必要条件是: Riemann 曲面 Ω 共形等价于单位圆盘 (去掉一个可能的内容量为零的集合). 对比式 (1.3.1) 中的不等号, 这个必要条件是更加难以建立的.

Bergman 引进了一种高阶导数的 Bergman 核. 这种 Bergman 核考虑了全纯函数的导数. 令 Ω 是一个 Riemann 曲面, $z_0 \in \Omega$ 为任意一点, 固定一个以 z_0 为中心的局部坐标, 定义

$$B_\Omega^{(k)}(z_0) = \sup\left\{\left|\frac{f^{(k)}(z_0)}{k!}\right|^2 : f \in \mathcal{O}(\Omega),\ \int_\Omega f \wedge \bar{f} \leqslant 1, f(z_0) = \cdots = f^{(k-1)}(z_0) = 0\right\}. \tag{1.3.2}$$

在文献 [40] 中, Błocki 在平面区域上给出了高阶导数的 Bergman 核函数的类似 Suita 猜想的下界估计:

$$K_{\Omega}^{(k)}(w) \geqslant \frac{k+1}{\pi}\left(c_{\beta}(w)\right)^{2k+2}, \quad k=0,1,2,\cdots. \tag{1.3.3}$$

本书应用文献 [16] 中的方法给出了式 (1.3.3) 中等号成立的必要条件. 更具体地说, 我们有如下定理.

定理 1.3.3 假设 Ω 是一个 Riemann 曲面并且具有非平凡的 Green 函数, $B_{\Omega}^{(k)}(z)$ 是 Ω 上的 k-阶导数的 Bergman 核. 于是,

$$B_{\Omega}^{(k)}(z) \geqslant \frac{k+1}{\pi}\left(c_{\beta}(z)\right)^{2k+2}, \quad k=0,1,2,\cdots.$$

进一步, 存在非负整数 k 和 $z_0 \in \Omega$ 使得 k-阶导数的 Bergman 核在 z_0 处使得上面不等式中等号成立的充分必要条件是: 在 Riemann 曲面 Ω 上存在全纯函数 g 使得在 z_0 点的 Green 函数 $G_{\Omega}(\cdot, z_0)$ 可以表示为

$$G_{\Omega}(\cdot, z_0) = \frac{1}{k+1}\log|g|.$$

注记 1.3.1 由文献 [16] 可知, 如果不等式 (1.3.3) 的等号对 $k=0$ 和某一个 Ω 中的点成立, 那么 Ω 共形等价于单位圆盘 (去掉一个可能的内容量为零的集合). 特别地, 对于所有的 $k \in \mathbb{N}$, 不等式 (1.3.3) 的等号也成立. 然而, 对于高阶导数的 Bergman 核, 当 $k \geqslant 2$ 时, 并不能由不等式 (1.3.3) 的等号在一点处成立得到 Ω 共形等价于单位圆盘 (去掉一个可能的内容量为零的集合).

本书部分结果参考自文献 [41]~[42].

第 2 章　预备知识

我们将在这一章介绍一些多复变函数论最基本的概念, 包括多次调和函数、拟凸域与全纯域、解析集、Stein 流形、Bergman 核等.

2.1　次调和函数与多次调和函数

次调和函数是解决平面区域上 Dirichlet 方程的重要工具, 是由 Hartogs [43] 首先引入的. 多次调和函数由 Oka 在研究 Levi 问题时引入 (几乎同时, Lelong 也独立地提出了多次调和函数的概念), 是多复变中最重要的概念之一, 也是研究复流形的一种不可或缺的工具. Oka 引入多次调和函数之后, 成功地用其刻画了多复变中另一个非常重要的对象——全纯域, 从而解决了著名的 Levi 问题. 此外, 由于多次调和函数具有一种天然的正性, 其自然地将多复变与复微分几何、复代数几何等领域联系在了一起. 多复变中的拟凸性是与多次调和函数直接相关的一种区域的凸性, 其与全纯凸性之间深刻的关系很早就为 Levi 所认识, 由实函数定义的拟凸性与由全纯函数定义的全纯凸性的等价性无疑是多复变中最精彩的结果之一. 在本节中, 我们仅介绍一些相关的基本知识.

定义 2.1.1　设 $\Omega \subset \mathbb{C}$ 是一个开集. Ω 上的函数 $u : \Omega \to \mathbb{R} \cup \{-\infty\}$ 称为次调和函数 (subharmonic function), 如果 u 满足下面的条件:

(1) u 是上半连续的;

(2) u 满足次平均值不等式, 即对于任意的 $z_0 \in \Omega$, $r > 0$, 如果圆盘 $\{z \in \mathbb{C} : |z - z_0| < r\} \Subset \Omega$, 那么

$$u(z_0) \leqslant \frac{1}{2\pi} \int_0^{2\pi} u(z_0 + r\mathrm{e}^{\mathrm{i}\theta})\mathrm{d}\theta. \tag{2.1.1}$$

我们把 Ω 上的次调和函数的全体记为 $\mathrm{SH}(\Omega)$.

多次调和函数是多复变函数论中特有的研究对象. 简单地说, 多次调和函数限制在每一条复直线上都是一个次调和函数.

定义 2.1.2　设 $\Omega \subset \mathbb{C}^n$ 是一个开集. Ω 上的函数 $u : \Omega \to \mathbb{R} \cup \{-\infty\}$ 称为多次调和函数 (plurisubharmonic function), 如果 u 满足下面的条件:

(1) u 是上半连续的;

(2) u 限制在任何复直线与 Ω 的交集上都是次调和的, 即对于任意的 $z_0 \in \Omega$ 和 $w \in \mathbb{C}^n$, u 限制在 $\{z_0 + tw | t \in \mathbb{C}\} \cap \Omega$ 上是 t 的次调和函数.

我们把 Ω 上的多次调和函数的全体记为 PSH(Ω).

定义 2.1.3 区域 $\Omega \subset \mathbb{C}^n$ 上的一个多次调和函数 u 称为强多次调和函数 (strictly plurisubharmonic function), 如果对于 Ω 上任意的具有紧支集的 C^2 函数 $\rho : \Omega \to \mathbb{R}$, 存在 $\varepsilon > 0$ 使得对于任意满足 $|t| < \varepsilon$ 的实数 t, $u + t\rho$ 都是多次调和的.

区域 Ω 上的强多次调和函数的全体记为 SPSH(Ω).

事实上, 次调和函数和多次调和函数的许多性质都是类似的. 我们知道, 对于 Ω 上的实值 C^2 函数 u, u 是次调和或者强次调和的, 当且仅当 u 的复 Hessian 矩阵在每个点的迹是非负的或者正的. 对于多次调和函数, 我们的要求更强, 即每个特征值都是非负的或者正的.

对于 Ω 上的实值 C^2 函数 $u \in C^2(\Omega; \mathbb{R})$, u 是 (强) 欧氏凸的, 当且仅当 f 的实 Hessian 矩阵在每个点都是半正定 (正定) 的. 对于多次调和函数, 我们也有类似的性质, 具体如下.

定理 2.1.1 设 $\Omega \subset \mathbb{C}^n$ 是一个区域且 $u \in C^2(\Omega; \mathbb{R})$, u 是 (强) 多次调和的当且仅当 u 的 Levi 形式 (Levi form)

$$L_z(u) : \mathbb{C}^n \to \mathbb{C}, \quad \xi \mapsto \sum_{i,j=1}^{n} \frac{\partial^2 u}{\partial z_i \partial \overline{z_k}}(z) \xi_i \overline{\xi_j}$$

对于任意点 $z \in \Omega$ 都是半正定 (正定) 的.

事实上, 对于局部可积的上半连续函数, 也有类似的性质.

定理 2.1.2 设 $\Omega \subset \mathbb{C}^n$ 是一个区域, u 是 Ω 上的一个多次调和函数, 那么对于任意的 $\xi \in \mathbb{C}^n$,

$$Lu(\xi) := \sum_{1 \leqslant j,k \leqslant n} \frac{\partial^2 u}{\partial z_j \partial \overline{z}_k} \xi_j \overline{\xi}_k \in \mathcal{D}'(\Omega) \tag{2.1.2}$$

是个正测度.

我们下面不加证明地列出一些多次调和函数的性质, 请参考文献 [13] 和 [15].

定理 2.1.3 设 $\Omega \subset \mathbb{C}^n$ 是一个区域, u 及序列 $\{u_k\}$ 都是从 Ω 到 $\mathbb{R} \cup \{-\infty\}$ 的映射.

(1) u 在 Ω 中是 (强) 多次调和的, 当且仅当 u 在 Ω 中任意一点的一个开邻域中是 (强) 多次调和的.

(2) 如果 u_1, u_2 是 (强) 多次调和的, c_1, c_2 是两个正实数, 则 $c_1u_1 + c_2u_2$ 是 (强) 多次调和函数.

(3) 如果 $\{u_k\}$ 是一个单调递减或者紧一致收敛的多次调和函数序列, 则 $\lim\limits_{k\to\infty} u_k$ 是多次调和的.

(4) 如果 $\{u_k\}$ 是一列局部一致上有界的多次调和函数, 且 $\sup\limits_k u_k$ 是上半连续的, 则 $\sup\limits_k u_k$ 是多次调和的.

(5) 如果 $u_1, \cdots, u_p \in \mathrm{PSH}(\Omega)$ 且 $\chi : \mathbb{R}^p \to \mathbb{R}$ 是关于每个变量 t_j 单调递增的凸函数, 那么, $\chi(u_1, \cdots, u_p) \in \mathrm{PSH}(\Omega)$. 特别地, $u_1 + \cdots + u_p$, $\max\{u_1, \cdots, u_p\}$, $\log(\mathrm{e}^{u_1} + \cdots + \mathrm{e}^{u_p})$ 都是 Ω 上的多次调和函数.

(6) 极大模原理: 如果 $u \in \mathrm{PSH}(\Omega)$ 且存在某个 $z_0 \in \Omega$ 使得 $u(z_0) = \sup\limits_{z\in\Omega} u(z)$, 则 u 在 Ω 上是常数.

下面的命题告诉我们多次调和函数是局部可积的.

命题 2.1.1　设 $\Omega \subset \mathbb{C}^n$ 是一个区域. 如果 u 是 Ω 上的多次调和函数并且 $u \not\equiv -\infty$, 那么 $u \in L^1_{\mathrm{loc}}(\Omega)$. 特别地,

$$\{z \in \Omega : u(z) = -\infty\}$$

是 Lebesgue 零测集.

证明　因为 $u \not\equiv -\infty$, 所以存在 $z \in \Omega$ 使得 $u(z) > -\infty$. 取一个以 z 为圆心且包含在区域 Ω 内的小球 $B(z, r)$. 因为 u 是多次调和的, 所以有

$$-\infty < u(z) < \frac{1}{\sigma_{2n} r^{2n}} \int_{B(z,r)} u \mathrm{d}V,$$

其中 σ_{2n} 是实 $2n$ 维单位球的体积. 因为 u 是上半连续的, 所以 u 在 $B(z, r)$ 有上界, 于是

$$\int_{B(z,r)} u \mathrm{d}V$$

是存在的. 这就说明了 $u \in L^1_{\mathrm{loc}}(\Omega)$.

令

$$E = \{z \in \Omega;\ u \text{ 在 } z \text{ 的一个邻域内可积}\}.$$

显然 E 是一个非空开集. 如果 $a \in \Omega \setminus E$, 那么存在一个 a 的邻域使得 u 在这个邻域上等于负无穷. 因此 $\Omega \setminus E$ 也是开集. 又因为 Ω 是一个区域, 所以 $\Omega = E$. □

引理 2.1.1 假设 u 是圆盘 $\{|z-a|<\rho\}$ 上的次调和函数, 那么

$$A(u,r)=\frac{1}{2\pi}\int_0^{2\pi}u(a+r\mathrm{e}^{\mathrm{i}\theta})\mathrm{d}\theta$$

在区间 $0<r<\rho$ 上是不减的.

证明 设 $\Delta(r)=\{|z-a|<r\}$, 并且假设 $0<r_1<r_2<\rho$. 假设函数 φ 是 $\partial\Delta(r_2)$ 上的连续函数, 并且在 $\partial\Delta(r_2)$ 上满足 $\varphi\geqslant u$. 根据 Dirichlet 问题的解, 我们可以假设 φ 是 $\overline{\Delta(r_2)}$ 上的连续函数并且在 $\Delta(r_2)$ 上是调和的. 根据平均值性质,

$$A(\varphi,r)=\varphi(a),$$

其中 $r<r_2$. 根据 u 的次调和性质, 我们可以知道在 $\Delta(r_2)$ 上, $u\leqslant\varphi$. 因此

$$A(u,r_1)\leqslant A(\varphi,r_1)=A(\varphi,r_2).$$

于是

$$A(u,r_1)\leqslant\inf\big\{A(\varphi,r_2):\varphi\in C(\Delta(r_2))\ \text{并且在}\partial\Delta(r_2)\ \text{上}\varphi\geqslant u\big\}=A(u,r_2).\qquad\square$$

下面的定理说明: 一般的多次调和函数可以用光滑的多次调和函数进行一定意义下的逼近.

定理 2.1.4 设集合 D 是 $\mathbb{C}^n$ 中的区域, $D_j=\{z\in D:|z|<j\}\cap\left\{\delta_D(z)>\dfrac{1}{j}\right\}$. 假设函数 u 是区域 D 上的多次调和函数并且不恒等于 $-\infty$, 那么存在函数列 $\{u_j\}\subset C^\infty(D)$ 且

(1) 函数 u_j 在区域 D_j 上是强多次调和的;

(2) 对于 $z\in D_j$, $u_j(z)\geqslant u_{j+1}(z)$;

(3) 对于 $z\in D$, $\lim\limits_{j\to\infty}u_j(z)=u(z)$;

(4) 如果函数 u 是连续的, 那么 (3) 中的收敛是内闭一致收敛.

证明 假设函数 $\varphi\in C_c^\infty(B(0,1))$, 其中 $B(0,1)$ 是以 0 为圆心, 1 为半径的球. 我们还假设 $\varphi\geqslant 0$, φ 是径向函数, 也就是对于任意的两点 z 和 z', 只要 $|z|=|z'|$, 就有

$$\varphi(z)=\varphi(z').$$

根据上面的结果, 我们知道对于每一个 $j=1,2,\cdots$, $u\in L^1(D_j)$, 于是, 对于任意的 $z\in\mathbb{C}^n$, 卷积

$$v_j(z)=\int_{D_j}u(\zeta)\varphi(j(z-\zeta))j^{2n}\mathrm{d}V(\zeta)$$

都有意义. 根据卷积的相关结果, 我们知道 v_j 是光滑函数.

对于 $z \in D_j$, 我们可以做一个线性变换使得

$$v_j(z) = \int_{|\zeta|<1} u\left(z - \frac{\zeta}{j}\right) \varphi(\xi) \mathrm{d}V(\xi).$$

我们要说明的是, 上面给出的 v_j 是区域 D_j 上的多次调和函数. 也就是说, 我们要证明对于 $a \in D_j$, $w \in \mathbb{C}^n$, 函数 $v_j(a + \lambda w)$ 在 $\lambda = 0$ 处满足次平均值不等式. 事实上, 因为 u 是多次调和函数, 所以对于充分小的 $r > 0$, 我们有

$$\begin{aligned}
&\frac{1}{2\pi}\int_0^{2\pi} v_j(a + r\mathrm{e}^{\mathrm{i}\theta}w)\mathrm{d}\theta \\
=&\int_{|\zeta|<1}\left[\frac{1}{2\pi}\int_0^{2\pi} u\left(a + r\mathrm{e}^{\mathrm{i}\theta}w - \frac{\zeta}{j}\right)\mathrm{d}\theta\right]\varphi(\xi)\mathrm{d}V(\zeta) \\
\geqslant&\int_{|\zeta|<1} u\left(a - \frac{\zeta}{j}\right)\varphi(\zeta)\mathrm{d}V(\zeta) \\
=&\, v_j(a).
\end{aligned}$$

注意, 根据 v_j 的定义, 在 v_j 定义的积分中, 用 $\zeta\mathrm{e}^{\mathrm{i}t}$ 代替 ζ 以后, 积分是不变的, 从而

$$v_j(z) = \int_{|\zeta|<1}\left[\frac{1}{2\pi}\int_0^{2\pi} u\left(z - \mathrm{e}^{\mathrm{i}t}\frac{\zeta}{j}\right)\mathrm{d}t\right]\varphi(\zeta)\mathrm{d}V(\zeta).$$

根据引理 2.1.1, 积分

$$\frac{1}{2\pi}\int_0^{2\pi} u\left(z - \mathrm{e}^{\mathrm{i}t}\frac{\zeta}{j}\right)\mathrm{d}t$$

关于 $r = \dfrac{1}{j}$ 是不减的, 于是 $v_j \geqslant v_{j+1}$. 同样, v_j 的定义和次平均值性质说明,

$$v_j(z) \geqslant u(z)\int \varphi \mathrm{d}V = u(z).$$

如果 $\varepsilon > 0$ 是给定的常数, 那么根据 u 的上半连续性可知, 存在球 $B(z,\delta) \subset \{\zeta \in D : u(\zeta) < u(z) + \varepsilon\}$. 因此, 对于 $j > \dfrac{1}{\delta}$, 有 $u(z) \leqslant v_j \leqslant u(z) + \varepsilon$. 最后, 我们令

$$u_j(z) = v_j(z) + \frac{1}{j}|z|^2,$$

可以知道 u_j 满足所有的要求. □

根据上面的结果, 我们可以得到下面的推论.

推论 2.1.1 假设 $\Omega \subset \mathbb{C}^n$ 是一个区域, 如果 $u \in \mathrm{PSH}(\Omega)$ 且 $u \not\equiv -\infty$, 则存在 Ω 的一个穷竭 $\{\Omega_k\}$ 及 Ω 上的一列光滑函数 $\{u_k\}$ 使得 $u_k \in \mathrm{SPSH}(\Omega_k)$ 且 $\{u_k\}$ 单调递减地收敛于 u; 如果 u 还是连续的, 则收敛还是内闭一致的.

下面的定理说明 (多) 次调和函数在全纯映射下的拉回仍然是 (多) 次调和函数, 从而相应的概念可以定义在复流形上.

定理 2.1.5 令 $\Omega_1 \subset \mathbb{C}^n$, $\Omega_2 \subset \mathbb{C}^m$ 是开集, $u \in \mathrm{PSH}(\Omega_2)$, $f : \Omega_1 \to \Omega_2$ 是全纯映射, 那么 $u \circ f \in \mathrm{PSH}(\Omega_1)$.

证明 首先假设 $u \in C^2(\Omega_2)$. 事实上, 设 $a \in \Omega_2$, 那么 u 在 a 处的复 Hessian 矩阵为

$$Lu_a = \sum_{j,k} \frac{\partial^2 u}{\partial z_j \partial \bar{z}_k}(a) \mathrm{d}z_k \otimes \mathrm{d}\bar{z}_k.$$

假设 $f : \Omega_1 \to \Omega_2$ 是全纯映射, $b \in \Omega_1$, 于是我们可以直接计算 $H(u \circ f)_b$.

$$\begin{aligned} L(u \circ f)_b \xi &= \sum_{j,k,l,m} \frac{\partial^2 u(f(b))}{\partial z_l \partial \bar{z}_m} \frac{\partial f_l(b)}{\partial z_j} \xi_j \overline{\frac{\partial f_m(b)}{\partial z_k}} \xi_k \\ &= Hu_{f(b)}(f'(b)\xi), \end{aligned}$$

其中 $\xi \in \mathbb{C}^n$. 这就说明了如果 u 是二次可微的多次调和函数, 那么 $u \circ f$ 也是多次调和函数.

对于一般的多次调和函数 u, 根据上面定理可知, 存在光滑的多次调和函数 u_j 单调递减地收敛到 u, 每一个 $u_j \circ f$ 都是多次调和函数并且单调递减地收敛到 $u \circ f$, 于是对于一般的多次调和函数 u, $u \circ f$ 也是多次调和函数. □

由定理 2.1.3 可知, 如果 $F : X \to Y$ 是复流形 X 到 Y 的任意全纯映射且 $u \in \mathrm{PSH}(Y)$, 则 $u \circ F \in \mathrm{PSH}(X)$. 特别地, 取 X 为复平面 $\mathbb{C}$ 中的单位圆盘 Δ, Fornaess 和 Narasimhan 证明了相反方向的结果, 具体如下.

定理 2.1.6 (Fornaess-Narasimhan) 设 X 是一个复流形且 $u : X \to \mathbb{R} \cup \{-\infty\}$ 是一个上半连续函数. 如果对于所有的全纯映射 $f : \Delta \to X$ 有 $u \circ f \in \mathrm{SH}(\Delta)$, 则 $u \in \mathrm{PSH}(X)$.

注记 2.1.1 (1) 在定理 2.1.6 的最初版本中, X 是复空间.

(2) 在定理 2.1.6 出现之前, 满足定理条件的函数一般称为弱多次调和函数 (weakly plurisubharmonic function), 其与多次调和函数的等价性一直以来都是一个未知的问题.

另外, 我们还有多次调和函数的 “Riemann 延拓定理”, 具体如下.

定理 2.1.7 设 X 是一个复流形且 $A \subset X$ 是一个无处稠密的解析集. 令 $\varphi: X\backslash A \to \mathbb{R} \cup \{-\infty\}$ 是一个多次调和函数. 如果 φ 在 A 的任何点处都是局部上有界的或者 $\operatorname{codim}_X A \geqslant 2$, 则 φ 可以唯一地延拓为 X 上的一个多次调和函数.

容易看出, $u(z) = |z|^2$ 是 $\mathbb{C}^n$ 上的强多次调和函数, 所以在 $\mathbb{C}^n$ 中的任意复子流形中都有一个强多次调和函数. 详细内容可以参考文献 [44].

2.2 Lelong 数

设 $\Omega \subset \mathbb{C}^n$ 是一个区域, 函数 φ 是 Ω 上的多次调和函数. φ 在 $x_0 \in \Omega$ 处的 Lelong 数的定义为

$$\nu(\varphi, x) = \liminf_{z \to x} \frac{\varphi(z)}{\log|z-x|}.$$

定义 2.2.1 多次调和函数 φ 称为具有系数 γ 的对数极点 (logarithmic pole of coefficient γ), 是指 φ 的 Lelong 数 $\nu(\varphi, x)$ 非零并且等于 γ.

命题 2.2.1 (Skoda) 设 φ 是 $\mathbb{C}^n$ 中区域 Ω 上的多次调和函数并且 $x \in \Omega$.

(1) 如果 $\nu(\varphi, x) < 1$, 那么 $\mathrm{e}^{-2\varphi}$ 在 x 的一个邻域上是可积的.

(2) 如果存在整数 $s \geqslant 0$ 使得 $\nu(\varphi, x) \geqslant n + s$, 那么在 x 的一个邻域中, 有 $\mathrm{e}^{-2\varphi} \geqslant C|z-x|^{-2n-2s}$, 其中 C 是一个常数.

证明 (1) 令 $\Theta = \frac{\mathrm{i}}{\pi}\partial\bar{\partial}\varphi$, $\gamma = \nu(\varphi, x)$. 设 χ 是一个截断函数, 其支集在一个充分小的球 $B(x,r)$ 中, χ 在 $B(x, r/2)$ 中等于 1. 因为

$$\left(\frac{\mathrm{i}}{\pi}\partial\bar{\partial}\log|z|\right)^n = \delta_0,$$

从而

$$\begin{aligned}
\varphi(z) &= \int_{B(x,r)} \chi(\zeta)\varphi(\zeta)\left(\frac{\mathrm{i}}{\pi}\partial\bar{\partial}\log|\zeta - z|\right)^n \\
&= \int_{B(x,r)} \frac{\mathrm{i}}{\pi}\partial\bar{\partial}(\chi(\zeta)\varphi(\zeta)) \wedge \log|\zeta - z| \left(\frac{\mathrm{i}}{\pi}\partial\bar{\partial}\log|\zeta - z|\right)^{n-1},
\end{aligned}$$

其中 $z \in B(x, r/2)$. 将 $\frac{\mathrm{i}}{\pi}\partial\bar{\partial}(\chi\varphi)$ 展开, 注意在 $B(x, r/2)$ 上, $\mathrm{d}\chi = \frac{\mathrm{i}}{\pi}\partial\bar{\partial}\chi = 0$, 于是在 $B(x, r/2)$ 上,

$$\varphi(z) = \int_{B(x,r)} \chi(\zeta)\Theta(\zeta) \wedge \log|\zeta - z| \left(\frac{\mathrm{i}}{\pi}\partial\bar{\partial}\log|\zeta - z|\right)^{n-1} + \text{光滑项}.$$

我们固定一个充分小的 r, 使得

$$\int_{B(x,r)} \chi(\zeta)\Theta(\zeta) \wedge \left(\frac{\mathrm{i}}{\pi}\partial\bar{\partial}\log|\zeta - z|\right)^{n-1} \leqslant \nu(\varphi, x, r) < 1,$$

根据连续性, 存在 $\delta, \varepsilon > 0$ 使得对于所有的 $z \in B(x, \varepsilon)$, 有

$$I(z) = \int_{B(x,r)} \chi(\zeta)\Theta(\zeta) \wedge \left(\frac{\mathrm{i}}{\pi}\partial\bar{\partial}\log|\zeta - z|\right)^{n-1} \leqslant 1 - \delta.$$

因为

$$\mathrm{d}\mu_z(\zeta) = I(z)^{-1}\chi(\zeta)\Theta(\zeta) \wedge \left(\frac{\mathrm{i}}{\pi}\partial\bar{\partial}\log|\zeta - z|\right)^{n-1}$$

是概率测度, 所以根据 Jensen 不等式,

$$-\varphi(z) = \int_{B(x,r)} I(z)\log|\zeta - z|^{-1}\mathrm{d}\mu_z(\zeta) + O(1),$$

$$\mathrm{e}^{-2\varphi(z)} \leqslant C\int_{B(x,r)} |\zeta - z|^{-2I(z)}\mathrm{d}\mu_z(\zeta).$$

因为

$$\mathrm{d}\mu_z(\zeta) \leqslant C_1|\zeta - z|^{-(2n-2)}\Theta(\zeta) \wedge \left(\frac{\mathrm{i}}{\pi}\partial\bar{\partial}|\zeta|^2\right)^{n-1} = C_2|\zeta - z|^{-(2n-2)}\mathrm{d}\sigma_\Theta(\zeta),$$

所以

$$\mathrm{e}^{-2\varphi} \leqslant C_3\int_{B(x,r)} |\zeta - z|^{-2(1-\delta)-(2n-2)}\mathrm{d}\sigma_\Theta(\zeta),$$

从而根据 Fubini 定理可知, $\mathrm{e}^{-2\varphi}$ 在 x 的一个邻域上是可积的.

(2) 假设 $\nu(\varphi, x) = \gamma$, 根据多次调和函数的凸性, 也就是 $\log r \mapsto \sup\limits_{|z-x|=r} \varphi(z)$ 的凸性, 存在常数 M 使得

$$\varphi(z) \leqslant \gamma\log|z - x|/r_0 + M.$$

因此存在常数 $C > 0$ 使得在 x 的一个邻域中, 有

$$\mathrm{e}^{-2\varphi(z)} \geqslant C|z - x|^{-2\gamma}.$$

于是根据 Parseval 公式, 有如下估计:

$$\int_{B(0,r_0)} \frac{|\sum a_\alpha z^\alpha|^2}{|z|^{2\gamma}} \mathrm{d}V(z) \sim \mathrm{Const.} \int_0^{r_0} \left(\sum |a_\alpha|^2 r^{2|\alpha|}\right) r^{2n-1-2\gamma} \mathrm{d}r.$$

如果 γ 的整数部分 $[\gamma] = n + s$, 那么积分收敛当且仅当对于 $|\alpha| \leqslant s$, $a_\alpha = 0$. □

2.3 拟凸性与全纯域

拟凸性是多复变函数论中最基本的概念, 几乎所有函数论的结果都需要拟凸性. 拟凸域表述的是区域的边界满足一种凸性. 很多单复变的定理在高维的时候不一定成立, 这是因为在一维情况下, 所有的连通开集都是拟凸域, 而在高维情况下并不如此.

定义 2.3.1 设 $\Omega \subset \mathbb{C}^n$ 是一个区域, $z_0 \in \partial\Omega$. Ω 的边界 $\partial\Omega$ 在点 z_0 处是 $C^k(k = 1, 2, \cdots)$ 的, 如果存在 z_0 在 $\mathbb{C}^n$ 中的一个开邻域 U 及函数 $\rho \in C^k(U; \mathbb{R})$ 使得

(1) $U \cap \Omega = \{z \in U, \rho(z) < 0\}$;

(2) 对于任意的 $z \in U$, $(\mathrm{d}\rho)_z \neq 0$.

函数 ρ 称为 Ω 的一个局部定义函数. 如果 Ω 在每一个边界点处都是 C^k 的, 我们称区域 Ω 的边界是 C^k 的.

定义 2.3.1 可以推广到流形上, 只要定义在局部坐标邻域中即可. 可以证明, 不同坐标邻域的选择对上述定义没有影响.

Levi 拟凸性是欧氏凸性的推广, 下面对此进行介绍.

定义 2.3.2 设 $\Omega \subset \mathbb{C}^n$ 是一个具有 C^2 边界的区域. Ω 是 (强) Levi 拟凸的, 如果对于任意的边界点 $z_0 \in \partial\Omega$ 和点 z_0 处的局部定义函数 ρ, 有

$$L_{z_0}(\rho; \xi) = \sum_{i,j=1}^{n} \frac{\partial^2 \rho}{\partial z_i \partial \overline{z_k}}(z_0)\, \xi_i \overline{\xi}_j \geqslant 0 (> 0), \tag{2.3.1}$$

其中, $\xi \in \mathbb{C}^n$ 满足 $\sum\limits_{i=1}^{n} \frac{\partial \rho}{\partial z_i} \xi_i = 0$.

可以证明, 如果存在点 $z_0 \in \partial\Omega$ 处的两个 C^k 的局部定义函数 ρ_1, ρ_2, 那么

$$\rho_1 = h\rho_2,$$

其中 h 是一个 C^{k-1} 的函数. 于是, 定义 2.3.2 中定义的光滑性与局部定义函数的选取是没有关系的.

正如之前所说: Levi 拟凸性是欧氏凸性的推广. 事实上, 每一个强 Levi 拟凸的点都可以通过坐标变换成为一个强欧氏凸的点的局部像.

定理 2.3.1 (参考文献 [14]) 设 $\Omega \subset\subset \mathbb{C}^n$ 是一个具有 C^2 边界的区域, 则 Ω 是强 Levi 拟凸的, 当且仅当对于每一个 $z_0 \in \partial\Omega$, 存在 z_0 的一个开邻域 U、$\mathbb{C}^n$ 中的一个开集 V 以及一个双全纯映射 $F: U \to V$ 使得 $F(U \cap \Omega)$ 是欧氏凸的并且 $F(U \cap \partial\Omega)$ 上的每一个点都是强欧氏凸的.

粗略地讲, 全纯域就是这个区域上全纯函数全体的最小定义域.

定义 2.3.3 开集 $U \subseteq \mathbb{C}^n$ 称为全纯域, 如果不存在非空开集 U_1 和 U_2(其中 U_2 连通, $U_2 \not\subset U$, $U_1 \subseteq U_2 \cap U$) 使得每一个 U 上的全纯函数 h, 都存在一个 U_2 上的全纯函数 h_2 使得在 U_1 上 $h = h_2$.

定义 2.3.4 设 X 是一个拓扑空间, $\Omega \subset X$ 是一个开集. 我们称 Ω 上的一个实值函数

$$f: \Omega \to \mathbb{R}$$

为穷竭函数, 如果对于任意的 $c \in \mathbb{R}$, 都有

$$\{x \in \Omega; f(x) < c\}$$

在 Ω 中是相对紧的.

注记 2.3.1 显然, 如果对于 Ω 中的任意一列紧集 $\{K_n\}$, 有 $K_{n-1} \subset K_n^{\circ}$ 并且 $\bigcup K_n = \Omega$, 那么, 选取任意的 $x_n \in K_n \setminus K_{n-1}$, 都有 $\lim\limits_{n\to\infty} f(x_n) = \infty$. 反之, 对于每一列这样的 $\{x_n\}$, $\lim\limits_{n\to\infty} f(x_n) = \infty$ 也是 f 成为 Ω 上的穷竭函数的充分条件.

如果 Ω 是复欧氏空间中的有界区域, 那么 $f: \Omega \to \mathbb{R}$ 为 Ω 上的穷竭函数当且仅当 $\lim\limits_{z\to\partial\Omega} f(z) = \infty$. 但是当 Ω 不是有界区域时, 这是不对的. 比如在 $\mathbb{C}_z$ 中, 右半平面 $\mathbb{H} = \{z \in \mathbb{C}; \operatorname{Re} z > 0\}$, 函数

$$f(z) = |\frac{1}{\operatorname{Re} z}|$$

就满足

$$\lim_{z\to\partial D} f(z) = \infty,$$

然而 $\{x \in \mathbb{H}: f(z) = |\frac{1}{\operatorname{Re} z}| < c\}$ 对于任意的 $c > 0$ 都不是紧集, 从而 $f(z) = |\frac{1}{\operatorname{Re} z}|$ 不是 $\mathbb{H}$ 的穷竭函数.

虽然全纯域和 Levi 拟凸域的定义不同, 一个描述的是全纯函数的定义域, 另一个描述的是凸性, 同时, 如果一个区域有光滑的多次调和穷竭函数, 则称这个区域为拟凸域, 拟凸域描述的是一种几何性质, 但是这几种定义对于 C^2 边界的区域而言是等价的. 实际上, 因

为 Levi 拟凸的定义要求边界是 C^2 的, 如果不要求边界的光滑性, 那么拟凸域和全纯域都可以被定义并且两者是等价的. 拟凸域蕴含全纯域便是著名的 Levi 问题.

我们知道, 在 Oka 解决 Levi 问题的过程中, 距离函数扮演了一个至关重要的角色, 它是联系 Levi 拟凸性与全纯凸性的桥梁. 从距离函数出发, 我们有如下结论.

定理 2.3.2 设 $\Omega \subset \mathbb{C}^n$ 是一个具有 C^2 边界的区域, 则下列条件是等价的:

(1) Ω 是 Levi 拟凸的;

(2) $-\log \delta_\Omega$ 是 Ω 上的一个多次调和函数, 其中, δ_Ω 为通常的 (欧氏) 距离函数;

(3) Ω 上存在一个多次调和穷竭函数.

注记 2.3.2 实际上, 如果没有边界的光滑性限制, (2) 与 (3) 的等价性依然是成立的.

定理 2.3.3 对于区域 $\Omega \subset \mathbb{C}^n$ 而言, 下列结论等价:

(1) Ω 是全纯域;

(2) 如果 Ω 具有 C^2 边界, 那么 Ω 也是 Levi 拟凸域;

(3) Ω 是全纯凸域, 即对于每一个紧集 $K \subset \Omega$, K 的全纯凸包

$$\hat{K}_{\mathcal{O}(\Omega)} = \left\{ z \in \Omega : |f(z)| \leqslant \sup_{z \in K} |f(z)|, \text{对于任意的 } f \in \mathcal{O}(\Omega) \right\} \tag{2.3.2}$$

也在 Ω 中;

(4) 存在光滑的多次调和穷竭函数;

(5) 存在多次调和穷竭函数;

(6) 记 $\delta_\Omega(z)$ 是 z 到区域边界的距离函数, 那么 $-\log \delta_\Omega$ 是多次调和函数;

(7) Ω 满足连续性原理, 即对于任意的解析圆盘 (单位圆盘的全纯像) $\{S_\alpha : \alpha \in I\}$, 有

$$\bigcup_{\alpha \in I} \partial S_\alpha \subset\subset \Omega,$$

那么

$$\bigcup_{\alpha \in I} S_\alpha \subset\subset \Omega.$$

Levi 问题指的是: 拟凸域是不是全纯域. 它是多复变函数论中最经典的问题之一, 很多工具都是在解决 Levi 问题的过程中被发现的. 针对 Levi 问题, Oka 解决了最初 $n = 2$ 的情况 [45], Bremerman [46]、Norguet [47] 和 Oka [48] 解决了 $n \geqslant 3$ 的情况. 一般复流形上的 Levi 问题由 Grauert [49] 解决, 详见第 2.5节.

2.4 解 析 集

定义 2.4.1 设 X 是一个复流形, $A \subset X$ 是一个子集, 称 A 是 X 的一个解析集, 如果对于闭集 A 和每一个 $z_0 \in A$, 都存在 z_0 的一个开邻域 U 和 U 上的全纯函数 $f_1, \cdots, f_m$ 使得

$$U \cap A = N(f_1, \cdots, f_m) := \{z \in U | f_1(z) = \cdots = f_m(z) = 0\},$$

其中 $f_1, \cdots, f_m$ 称为 A 在 U 中的局部定义函数.

从定义 2.4.1 中可以看到, 解析集是闭集. 解析集有如下简单的性质.

定理 2.4.1 设 $\mathcal{U}$ 是连通复流形 X 中所有解析集的全体, 则 $\mathcal{U}$ 有如下性质:

(1) $X, \varnothing \in \mathcal{U}$;

(2) 如果 $A_1, \cdots, A_n \in \mathcal{U}$, 那么 $A = \bigcup\limits_{i=1}^{n} A_i \in \mathcal{U}$;

(3) 设 I 是一个指标集, 如果 $\{A_j : j \in I\} \subset \mathcal{U}$, 那么 $A = \bigcap\limits_{j \in I} A_j \in \mathcal{U}$;

(4) 设 $A \in \mathcal{U}$, 那么 $X \setminus A$ 是连通的;

(5) 设 $A \in \mathcal{U}$ 且 $A \neq X$, 那么 A 不含 X 的内点.

注记 2.4.1 定理 2.4.1 说明解析集的全体满足闭集的公理. 以解析集为闭集的拓扑称为 Zariski 拓扑.

命题 2.4.1 设 D 是 $\mathbb{C}^n$ 中的区域, 集合 $A \subset D$ 是一个解析集. 我们有如下结论:

(1) 如果 $\operatorname{codim} A \geqslant 1$, 那么 $D \setminus A$ 在 D 中是稠密的;

(2) 如果集合 A 的内点 A° 是非空的, 那么 $A = D$;

(3) 假设 $A \neq D$, 那么 $\operatorname{codim} A \geqslant 1$.

证明 (1) 令 $a \in A$. 因为 $\operatorname{codim} A \geqslant 1$, 于是存在一个复仿射空间 E, 使得 $\dim E \geqslant 1$ 并且 a 是 $E \cap A$ 的一个孤立点. 这说明对于每一个 $k \geqslant 1$, 存在

$$z_k \in B\left(a, \frac{1}{k}\right) \cap E$$

使得 z_k 不包含在 A 中. 因此, 序列 $\{z_k\}$ 在 $D \setminus A$ 中并且满足

$$\lim_{k \to \infty} z_k = a.$$

(2) 令 $a \in \overline{A^\circ}$, 存在连通开集 $U = U(a) \subset D$ 和全纯函数 $f_1, \cdots, f_m \in \mathcal{O}(U)$ 使得

$$U \cap A = \{z \in U : f_1(z) = f_2(z) = \cdots = f_m(z) = 0\}.$$

因为 $a \in \overline{A^\circ}$, 所以 $U \cap A^\circ \neq \varnothing$, 并且 $U \cap A^\circ$ 在 D 中是开的. 于是, 唯一性定理说明在 U 上, 有

$$f_1(z) = f_2(z) = \cdots = f_m(z) = 0,$$

也就是 $U = U \cap A = A$, 因此 $a \in A^\circ$. 因为 a 是 $\overline{A^\circ}$ 的任意一点, 所以

$$\overline{A^\circ} = A^\circ.$$

又因为 D 是连通的, 所以 $A = D$.

(3) 令 $a \in A$, $f_1, \cdots, f_m \in \mathcal{O}(U)$ 可使得

$$U \cap A = \{z \in U : f_1(z) = f_2(z) = \cdots = f_m(z) = 0\}.$$

根据上面的讨论, $A^\circ = \varnothing$. 于是存在 $b \in U$ 使得 $f_k(b) \neq 0$, 其中 $k \in \{1, 2, \cdots, m\}$. 令 E 是连接 a 与 b 的复直线, 也就是

$$E = \{a + \mathbb{C}b\}.$$

于是 $A \cap U = N(f_k)$ 并且

$$(A \cap E) \cap U \subset N(f_k) \cap U \cap E.$$

因为单变量全纯函数

$$\begin{aligned} f:\ \mathbb{C} &\longrightarrow \mathbb{C} \\ \lambda &\longmapsto f_k(a + \lambda b) \end{aligned}$$

只有孤立零点, 所以 $N(f_k) \cap U \cap E$ 只包含孤立点, 从而 $\operatorname{codim} A \geqslant 1$. □

定义 2.4.2　设 A 是复流形 X 的一个解析集. 对于任意的 $z \in A$, 称 z 是 A 的一个正则点, 如果存在 z 的一个邻域 U 以及 U 上的全纯函数 $f_1, \cdots, f_q$ 使得

(1) $A \cap U = N(f_1, \cdots, f_q)$;

(2) $\operatorname{rank}_z (f_1, \cdots, f_q) = q$.

其中, $n - q$ 为 A 在 z 处的维数. 不是正则点的点称为奇点. A 中所有正则点的集合记为 A_{reg}, 所有奇点的集合记为 A_{sing}. 如果 A_{reg} 是连通的, 那么称 A 是不可约的, 不然称 A 是可约的. 设 $A_1 \subset A$ 是解析集, 如果 X 的任意满足 $A_1 \subsetneqq A_2$ 的解析集 A_2 都是可约的, 则称 A_1 是 A 的不可约分支.

容易看到, A_{reg} 是开集, 而 A_{sing} 是闭集. 此外, A_{sing} 是 A 中的一个稀疏集. 任意的解析集都可以分解成可数多个不可约解析分支的并集, 并且 X 的每个紧集都与有限多个不可约解析分支相交.

下面的结果说明解析集具有很强的刚性.

定理 2.4.2 设 A 和 B 是复流形 X 的两个不可约解析集. 如果存在 $z_0 \in A \cap B$ 和 z_0 的开集 U 使得 $A \cap U = B \cap U$, 那么 $A = B$.

解析集存在精确的局部结构描述.

定理 2.4.3 设区域 $D \subset \mathbb{C}^n$, $S \subset D$ 是 D 中的一个解析集, $p \in S$, 并且 $\dim_p S = k$, $(0 < k < n)$. 那么存在一个过点 p 的 k 维复仿射子空间 $\mathbb{C}^k \subset \mathbb{C}^n$ 和 $p \in \mathbb{C}^n$ 的邻域 $V_p(\subset D)$ 使得正交投影 $\pi : \mathbb{C}^n \to \mathbb{C}^k$ 在 $S \cap V_p$ 上的限制 $\pi : S \cap V_p \to \pi(V_p)$ 是逆紧有限映射, 并且存在 $\pi(V_p)$ 中的无处稠密的解析集 $E(\subset \pi(V_p))$ 及正整数 l, 使得

(1) $(S \cap V_p) \backslash \pi^{-1}(E)$ 是 k 维复子流形;

(2) $\pi : (S \cap V_p) \backslash \pi^{-1}(E) \to \pi(V_p) \backslash E$ 是一个局部双全纯的 l 层覆盖映射, 特别地, 对于任一个 $q \in \pi(V_p) \backslash E, (S \cap V_p) \cap \pi^{-1}(q)$ 都恰好有 l 个点;

(3) 若 (S, p) 是不可约的解析芽, 则可以选择邻域 V_p 使得 $(S \cap V_p) \backslash \pi^{-1}(E)$ 是 k 维连通复流形, 并且使得 $(S \cap V_p) \backslash \pi^{-1}(E)$ 在 $S \cap V_p$ 中稠密.

关于解析集, 有下面重要的 Riemann 延拓定理.

定理 2.4.4 (Riemann 延拓定理) 设 X 是一个连通的 n 维复流形. 令 A 是 X 中的一个无处稠密的解析集且全纯函数 $f \in \mathcal{O}(X \backslash A)$. 如果 f 在 A 中每个点的附近都是局部有界的或者 $\dim A \leqslant n - 2$, 则 f 有到 X 上唯一的全纯延拓 $\hat{f} \in \mathcal{O}(X)$.

想要了解更多关于解析集的性质, 可以参考文献 [50] 和 [51].

2.5 Stein 流形

Stein 流形是非常重要的一类流形, 它是复欧氏空间中全纯域的推广, 由 Stein 引入. 简而言之, Stein 流形上有足够多的全纯函数可以讨论. Stein 和 Behnke [52] 证明了开 Riemann 曲面都属于 Stein 流形. 同时, Stein 流形可以整体嵌入某个 $\mathbb{C}^n$ 中.

定义 2.5.1 令 X 是一个复流形, $A \subset X$ 是一个闭子集. A 在 X 中的全纯凸包被定义为

$$\widehat{A}_{\mathcal{O}(X)} = \left\{ x \in X : |f(x)| \leqslant \sup_{z \in A} |f(z)|, \text{ 对于每一个 } f \in \mathcal{O}(X) \right\}.$$

如果 $\widehat{A}_{\mathcal{O}(X)} = A$, 则子集 A 是全纯凸 (在 X 中) 的. 复流形 X 是全纯凸的, 如果对于每一个紧子集 K, K 的全纯凸包 $\widehat{K}_{\mathcal{O}(X)}$ 都是紧的, 或者等价地, X 可以被全纯凸的紧集 $\{K_\nu\}$ 穷竭, 也就是说, $\widehat{(K_\nu)}_{\mathcal{O}(X)} = K_\nu$, $K_\nu \subset K^\circ_{\nu+1}$ 并且 $X = \bigcup K_\nu$.

注记 2.5.1　容易验证, 任意闭子集的全纯凸包仍然是闭子集, 所以任意紧复流形都是全纯凸的. 另外, 同复欧氏空间一样, 一个有可数拓扑基的复流形 X 是全纯凸的当且仅当对于 X 的任意离散子集 E, 都有一个全纯函数 $f \in \mathcal{O}(X)$ 使得 $\sup\limits_{z\in E}|f(z)| = \infty$.

定义 2.5.2　令 X 是一个 n 维复流形. X 被称为 Stein 流形, 如果它满足以下两条性质:

(1) X 是全纯凸的;

(2) $\mathcal{O}(X)$ 可以局部分离点, 即对于每一个 $x \in X$, 都有一个邻域 V 使得对于任意的 $y \in V \setminus \{x\}$ 都存在 $f \in \mathcal{O}(X)$ 使得 $f(y) \neq f(x)$.

定义 2.5.3　令 X 是一个复流形. 如果 X 上有一个光滑的多次调和穷竭函数, 则称 X 是一个弱拟凸流形; 如果 X 上有一个光滑的强多次调和穷竭函数, 则称 X 是一个强拟凸流形.

定义 2.5.4　令 X 是一个复流形, 如果存在有界的光滑强多次调和穷竭函数, 则称 X 是一个超凸流形.

注记 2.5.2　超凸流形都是 Stein 流形, 但是反过来一般不对. 例如, $\mathbb{C}$ 上的去心单位圆盘 $\{z \in \mathbb{C} : 0 < |z| < 1\}$ 是 Stein 流形但并不是超凸流形. 因为如果 $\{z \in \mathbb{C} : 0 < |z| < 1\}$ 上有一个有界的强多次调和穷竭函数, 那么该函数一定可以延拓过原点, 而这个函数是强多次调和的并且有界的, 这与最大模原理矛盾.

不同于复欧氏空间中的区域, 强拟凸流形与弱拟凸流形并不是等价的. 实际上, 每一个紧流形都是弱拟凸流形, 从而上面没有非常数的全纯函数, 但是强拟凸流形是 Stein 流形.

定理 2.5.1　令 X 是一个复流形, 我们有如下结论:

(1) 如果 X 是全纯凸的, 那么 X 是弱拟凸的;

(2) 如果 $\mathcal{O}(X)$ 满足分离性质, 那么 X 上存在一个非负的强多次调和函数;

(3) 如果 X 是 Stein 流形, 那么 X 是强拟凸流形.

事实上, 强拟凸流形上的第一 Cousin 问题是可解的, 具体地, 我们有如下结论.

定理 2.5.2　令 X 是强拟凸流形. 对于每一个局部有限的离散点列 $\{x_\nu\} \subset X$ 和每一个关于 x_ν 附近坐标卡 $z^\nu = (z_1^\nu, \cdots, z_n^\nu)$ 的多项式 $P_\nu(z^\nu)$ (假定多项式次数的上界 $\deg P_\nu \leqslant m_\nu$), 都存在一个整体的全纯函数 $f \in \mathcal{O}(X)$ 使得 f 在 x_ν 的 m_ν 阶 Taylor 展开

是 P_ν.

实际上, 定理 2.5.1 是 Grauert 于 1958 年得到的结果 [49], 这个结果说明 Stein 流形和强拟凸流形是等价的. 这是复流形上 Levi 问题的答案. 很多一元的结果都需要在 Stein 流形的条件下成立, 如 Oka-Weil 定理 (定理 1.2.4).

复欧氏空间中的一个区域是 Stein 流形当且仅当它是全纯域. Stein 流形的闭子流形也是 Stein 流形. 1956 年, Remmert [53] 证明了任何一个 Stein 流形都可以逆紧嵌入某个 $\mathbb{C}^N$ 中, 实际上, 根据定义 2.5.2, 可以很容易得出 $\mathbb{C}^n$ 中的闭子流形是 Stein 流形, 所以 Stein 流形等价于 $\mathbb{C}^n$ 中的闭子流形. Narasimhan [54] 和 Bishop [55] 均独自证明了这样一个结论: 当 X 是 n 维 Stein 流形的时候, N 可以取到 $2n+1$.

定理 2.5.3 如果 X 是 n 维 Stein 流形, 则

(1) 存在 X 到 $\mathbb{C}^{2n}$ 的全纯并且处处满秩的映射 $F: X \to \mathbb{C}^{2n}$, 即 X 总是 $\mathbb{C}^{2n}$ 的浸入复子流形;

(2) 存在 X 到 $\mathbb{C}^{2n+1}$ 的全纯并且处处满秩的单射 $F: X \to \mathbb{C}^{2n+1}$, 即 X 总是可以嵌入 $\mathbb{C}^{2n+1}$ 中成为其复子流形;

(3) 存在 X 到 $\mathbb{C}^{2n+1}$ 的全纯、处处满秩且逆紧的单射 $F: X \to \mathbb{C}^{2n+1}$, 即 X 总是可以正则嵌入 $\mathbb{C}^{2n+1}$ 中成为其正则复子流形.

2.6 向量丛、联络和曲率

在这里我们简单介绍一下复流形上的向量丛、联络和曲率, 详细内容可以参考文献 [50]、[56]、[57].

令 X 是 n 维的光滑复流形. 光滑复流形 E 称为 X 上的 r 维向量丛, 如果它满足以下条件:

(1) 存在一个光滑的投影映射 $\pi: E \longrightarrow X$.

(2) 在 $E_x = \pi^{-1}(x)$ 上, 存在一个 r 维复向量空间结构使得这个向量空间是局部平凡的, 即存在 X 的一个开覆盖 $(V_\alpha)_{\alpha\in I}$ 和微分同胚

$$\theta_\alpha : E|_{V_\alpha} \to V_\alpha \times \mathbb{C}^r, \quad E|_{V_\alpha} = \pi^{-1}(V_\alpha).$$

同时, 对于任意的 $x \in V_\alpha$, 映射

$$E_x \xrightarrow{\theta_\alpha} \{x\} \times \mathbb{C}^r \simeq \mathbb{C}^r$$

是线性同构. 对于任意的 $\alpha, \beta \in I$, 映射

$$\theta_{\alpha\beta} = \theta_\alpha \circ \theta_\beta^{-1} : (V_\alpha \cap V_\beta) \times \mathbb{C}^r \longrightarrow (V_\alpha \cap V_\beta) \times \mathbb{C}^r$$

都是纤维 $\{x\} \times \mathbb{C}^r$ 上的自同构, 可以写为

$$\theta_{\alpha\beta}(x, \xi) = (x, g_{\alpha\beta}(x) \cdot \xi), \quad (x, \xi) \in (V_\alpha \cap V_\beta) \times \mathbb{C}^r,$$

其中 $(g_{\alpha\beta})_{(\alpha,\beta)\in I\times I}$ 是一族系数在 $C^\infty(V_\alpha \cap V_\beta, \mathbb{C})$ 的可逆矩阵, 满足如下关系:

$$g_{\alpha\beta} g_{\beta\gamma} = g_{\alpha\gamma} \quad (\text{在 } V_\alpha \cap V_\beta \cap V_\gamma \text{ 上}).$$

注记 2.6.1 任意满足上述关系的可逆矩阵族都可以定义向量丛 E.

定义 2.6.1 设 $\pi : E \to X$ 是复流形 X 上的向量丛, 如果 $\pi : E \to X$ 是一个全纯映射并且使得上面的 $\theta_\alpha, \theta_{\alpha\beta}$ 都是全纯同胚, 则称 E 为 X 上的全纯向量丛.

定义 2.6.2 设 $\pi : E \to X$ 是复流形 X 上的全纯向量丛, $U \subset M$ 是一个开集, 如果全纯映射 (光滑映射) $s : U \to E$ 满足 $\pi \circ s = \mathrm{Id}$, 即对任意的 $x \in U, s(x) \in \pi^{-1}(x) = E_x$, 则称 $s : U \to E$ 是定义在 U 上的一个全纯 (光滑) 截面.

我们用 $H^0(U, E)$ 表示 E 在 U 上的全纯截面全体, 用 $C^\infty(U, E)$ 表示 E 在 U 上的光滑截面全体.

定义 2.6.3 向量丛 E 上的 (线性) 联络 D 是一个作用在 $C^\infty_\bullet(M, E)$ 上的一阶线性微分算子, 并且对于任意的 $f \in C^\infty_p(X, \mathbb{C})$ 和 $s \in C^\infty_q(X, E)$, 满足如下条件:

(1) $D : C^\infty_q(M, E) \to C^\infty_{q+1}(M, E)$;

(2) $D(f \wedge s) = \mathrm{d}f \wedge s + (-1)^p f \wedge Ds$, 其中 $\mathrm{d}f$ 是 f 通常的外微分.

下面我们在局部坐标下进行计算, 设 $\Omega \in E$ 是一个开集, $\theta : E|_\Omega \to \Omega \times \mathbb{C}^r$ 是 $E|_\Omega$ 的一个局部平凡化, 令 $(e_1, \cdots, e_r)$ 是 $E|_\Omega$ 的一个局部标架, 那么对于任意的 $s \in C^\infty_q(\Omega, E)$, 都可唯一地表示成如下形式:

$$s = \sum_{1 \leqslant \lambda \leqslant r} \sigma_\lambda \otimes e_\lambda, \quad \sigma_\lambda \in C^\infty_q(\Omega, \mathbb{C}).$$

所以

$$Ds = \sum_{1 \leqslant \lambda \leqslant r} (\mathrm{d}\sigma_\lambda \otimes e_\lambda + (-1)^p \sigma_\lambda \wedge De_\lambda).$$

如果令 $De_\mu = \sum\limits_{1\leqslant\lambda\leqslant r} a_{\lambda\mu}\otimes e_\lambda$, 其中 $a_{\lambda\mu}\in C_1^\infty(\Omega,\mathbb{C})$, 则 $Ds=\sum\limits_{\lambda}\left(\mathrm{d}\sigma_\lambda+\sum\limits_{\mu} a_{\lambda\mu}\wedge\sigma_\mu\right)\otimes e_\lambda$. 于是在局部平凡化 θ 下, 联络算子 D 可以写作

$$Ds\simeq_\theta \mathrm{d}\sigma + A\wedge\sigma,$$

其中 $A=(a_{\lambda\mu})\in C_1^\infty\left(\Omega,\mathrm{Hom}\left(\mathbb{C}^r,\mathbb{C}^r\right)\right)$.

如果考虑 $D^2: C_q^\infty(X,E)\to C_{q+2}^\infty(X,E)$, 我们有

$$\begin{aligned}
D^2 s &\simeq_\theta \mathrm{d}(\mathrm{d}\sigma + A\wedge\sigma) + A\wedge(\mathrm{d}\sigma + A\wedge\sigma)\\
&= \mathrm{d}^2\sigma + (\mathrm{d}A\wedge\sigma - A\wedge\mathrm{d}\sigma) + (A\wedge\mathrm{d}\sigma + A\wedge A\wedge\sigma)\\
&= (\mathrm{d}A + A\wedge A)\wedge\sigma.
\end{aligned}$$

于是, 存在一个整体的 2-形式 $\Theta(D)\in C_2^\infty(X,\mathrm{Hom}(E,E))$ 满足

$$D^2 s = \Theta(D)\wedge s,$$

我们称其为 D 的曲率算子.

曲率算子的局部表示如下:

$$\Theta(D)\simeq_\theta \mathrm{d}A + A\wedge A.$$

一个全纯向量从 E 上的线性联络 D 可以分为 $(1,0)$ 部分 (记为 D') 和 $(0,1)$ 部分 (记为 D''), $D=D'+D''$. 若 $D''=\bar\partial$, 则称联络 D 与复结构 $\bar\partial$ 是相容的.

现在我们考虑全纯 Hermite 向量丛.

定义 2.6.4 一个复向量丛 E 称为一个 Hermite 向量丛, 如果在 E 上有一个 Hermite 度量 h 满足如下两个条件:

(1) 在每一个纤维 E_x 上, $h(x)$ 都是正定的;

(2) 映射

$$E\to\mathbb{R}_+,\quad E_x\ni\xi\mapsto|\xi|_h^2 := h(x)(\xi) \tag{2.6.1}$$

是光滑的.

如果定义 2.6.4 中的式 (2.6.1) 是局部可积的, 那么我们称度量 h 是奇异 Hermite 度量.

在 Hermite 向量丛 E 上可以定义映射

$$\begin{aligned}
C_p^\infty(M,E)\times C_q^\infty(X,E) &\longrightarrow C_{p+q}^\infty(X,\mathbb{C})\\
(s,t) &\longmapsto \langle s,t\rangle.
\end{aligned}$$

如果 $s=\sum\sigma_\lambda\otimes e_\lambda$, $t=\sum\tau_\mu\otimes e_\mu$, 定义

$$\{s,t\}=\sum_{1\leqslant\lambda,\mu\leqslant r}\sigma_\lambda\wedge\overline{\tau}_\mu h(e_\lambda,e_\mu).$$

Hermite 向量丛上的联络 D 与 Hermite 结构相容, 如果对于任意的 $s\in C_p^\infty(X,E)$, $t\in C_q^\infty(X,E)$, 有

$$\mathrm{d}\langle s,t\rangle=\langle Ds,t\rangle+(-1)^p\langle s,Dt\rangle.$$

命题 2.6.1 设 (E,h) 是复流形 X 上的全纯 Hermite 向量丛, 则存在唯一的联络 D 与度量和复结构都相容. 这个联络称为 E 上的 Chern 联络.

记 $\Theta_{(E,h)}$ 为全纯 Hermite 向量丛 (E,h) 的 Chern 联络曲率, 上面的计算表明:

$$\mathrm{i}\Theta_{E,h}\in C^\infty\left(X,\Lambda^{(1,1)}T_X^*\otimes\mathrm{Hom}(E,E)\right).$$

令 $(z_1,\cdots,z_n)$ 是中心在 $z\in X$ 的坐标卡, $(e_\lambda)_{1\leqslant\lambda\leqslant r}$ 为 E 的局部规范正交标架, 则

$$\mathrm{i}\Theta_{(E,h)}=\mathrm{i}\sum_{1\leqslant j,k\leqslant n,1\leqslant\lambda,\mu\leqslant r}c_{jk\lambda\mu}\mathrm{d}z_j\wedge\mathrm{d}\overline{z}_k\otimes e_\lambda^*\otimes e_\mu.$$

所以, 我们可以定义 $T_X\otimes E$ 上的 Hermite 形式:

$$\widetilde{\Theta}_{E,h}(\xi\otimes v)=\sum_{1\leqslant j,k\leqslant n,1\leqslant\lambda,\mu\leqslant r}c_{jk\lambda\mu}\xi_j\overline{\xi}_k v_\lambda\overline{v}_\mu. \tag{2.6.2}$$

定义 2.6.5 复流形 X 上的全纯 Hermite 向量丛 (E,h) 称为

(1) Nakano 正的, 如果对于任意的非零张量 $\tau=\sum\tau_{j\lambda}\frac{\partial}{\partial z_j}\otimes e_\lambda\in T_X\otimes E$, 都有 $\widetilde{\Theta}_{E,h}(\tau,\tau)>0$.

(2) Griffiths 正的, 如果对于任意非零的可分解张量 $\xi\otimes v\in T_X\otimes E$, 都有 $\widetilde{\Theta}_{E,h}(\xi\otimes v)>0$.

Nakano 半正和 Griffiths 半正的定义与定义 2.6.5 类似. 容易看到, 当 E 是线丛的时候, Nakano 正性与 Griffiths 正性是相同的. 一般地, Nakano 正性是可以推出 Griffiths 正性的, 但是反过来不行, 具体的例子可以参考文献 [50].

当 E 是线丛的时候, 因为 E 上的度量可以局部地写成 $h=\mathrm{e}^{-\varphi}$, 所以曲率 $\mathrm{i}\Theta_{E,h}$ 可以局部表示为

$$\Theta_{E,h}=\mathrm{i}\partial\overline{\partial}\varphi.$$

于是, 此时 (E,h) 是半正的等价于局部的度量 φ 是多次调和的.

2.7 Bergman 核

假设 (X,μ) 是测度空间, $\mathcal{H}$ 是 $L^2(X,\mu)$ 的闭子空间, $\mathcal{H}$ 中的每一个函数在 X 中每一个点都可以赋值, 并且映射

$$h \longmapsto h(x)$$

是 $\mathcal{H}$ 的有界线性泛函.

符合上面条件的一个基本的例子是: X 为 $\mathbb{C}^n$ 中的区域, $\mathrm{d}\mu = \mathrm{d}\lambda$ 是相应的 Lebesgue 测度, 或者 $\mathrm{d}\mu = \mathrm{e}^{-\varphi}\mathrm{d}\lambda$, 其中 φ 是一个局部有上界的函数. 因此, 根据 Riesz 表示定理, 对于任意的 $x \in X$, 存在 $\mathcal{H}$ 中的唯一元素 k_x 使得

$$h(x) = (h, k_x), \quad h \in \mathcal{H}.$$

下面给出一个定义 Bergman 核的方法.

定义 2.7.1 函数 k_x 称为空间 $\mathcal{H}$ 在 x 点处的 Bergman 核. $B(x) = k_x(x)$ 称为对角线上的 Bergman 核.

在没有歧义的情况下, 我们有时候也称 $B(x)$ 为 Bergman 核.

另一个定义 Bergman 核的方法是通过空间 $\mathcal{H}$ 的标准正交基. 设 $h_j \in \mathcal{H}, j = 1, 2, 3, \cdots$ 是空间 $\mathcal{H}$ 的标准正交基, 于是

$$k_x(y) = \sum h_j(y)\overline{h_j(x)}$$

并且

$$B(x) = \sum |h_j(x)|^2.$$

下面的命题说明了这种定义的合理性.

命题 2.7.1 对于任意的正整数 N, 都有

$$\sum_{j=1}^{N} |h_j(x)|^2 \leqslant K(x).$$

证明 假设 $h = \sum\limits_{j=1}^{N} a_j h_j$, 并且 $\sum\limits_{j=1}^{N} |a_j|^2 \leqslant 1$, 那么 $\|h\| \leqslant 1$, 因此

$$|h(x)|^2 = |(h, k_x)|^2 \leqslant (k_x, k_x) = K(x).$$

由于系数 a_j 具有任意性, 因此

$$\sum_{j=1}^{N} |h_j(x)|^2 \leqslant K(x).$$

□

根据上面的命题, 我们知道

$$\sum_{j=1}^{\infty} |h_j(x)|^2$$

和

$$\sum_{j=1}^{\infty} h_j(y)\overline{h_j(x)}$$

都是逐点收敛的. 又因为 $\mathcal{H}$ 中对于点的赋值是有界线性泛函, 所以 $\sum\limits_{j=1}^{\infty} h_j(y)\overline{h_j(x)}$ 也 L^2 收敛到一个函数 h_x. 因此, 对于任意的正整数 l, 有

$$(h_l, h_x) = h_l(x),$$

于是 $h_x = k_x$.

Bergman 核的概念可以推广到全纯线丛上. 因为线丛上一个截面的赋值与局部坐标卡和线丛的局部标架有关, 所以这个时候 Bergman 核也与局部坐标卡和线丛的局部标架有关, 即 Bergman 核 k_x 应该取值于线丛及其共轭线丛.

定义 2.7.2 假设 X 是复流形, L 是其上的一个全纯线丛, h 是 L 的一个 Hermite 度量. 设 μ 是流形 X 上的一个测度, 并且设 $\{u_j\}$ 是 L 的整体全纯截面空间 $H^0(X, L)$ 关于内积

$$(u, v) = \int_X u\bar{v}\mathrm{e}^{-\varphi}\mathrm{d}\mu$$

的标准正交基, 其中 $\mathrm{e}^{-\varphi}$ 是度量 h 相应的局部表示. 于是, 我们称

$$B = \sum |u_j|^2$$

为 Bergman 核.

在 L 是平凡丛的情况下, Bergman 核只是一个函数. 这与上面讨论过的定义是一致的. 注意,

$$\log B = \log(B\mathrm{e}^{-\varphi}) + \varphi,$$

而 $\log(B\mathrm{e}^{-\varphi})$ 是一个函数, 所以这个时候 B 是线丛 L 上的一个度量.

类似地, 我们还有如下结论.

命题 2.7.2 $B(z)\mathrm{e}^{-\varphi} = \sup|u(z)|^2\mathrm{e}^{-\varphi}$, 其中上确界是在集合

$$\{u \in H^0(X, L) : \|u\|^2 \leqslant 1\}$$

中取得的.

证明 一个范数不大于 1 的整体全纯截面可以写作

$$u = \sum au_j,$$

其中 $\sum |a_j|^2 \leqslant 1$. 对于任意的 z, 在 z 处赋值, 有

$$|u(z)|^2\mathrm{e}^{-\varphi} \leqslant B(z).$$

反过来, 容易证明等号是可以取到的. □

2.8 Green 函数的基本性质

本节我们列出 Green 函数的一些基本性质. 令 $\Omega \subset \mathbb{C}$ 是一个平面区域.

定义 2.8.1 我们称定义在 $\Omega \setminus \{q\}$ 上的实值函数 $G_\Omega(p, q)$ 为奇点在 $q \in \Omega$ 的 (负) Green 函数, 如果它满足如下 3 个条件:

(1) $G_\Omega(p, q) - \log|p - q|$ 在 $p = q$ 附近是调和的;

(2) $p \mapsto G_\Omega(p, q)$ 是调和的并且在 $\Omega \setminus \{q\}$ 上是非正的;

(3) 如果 $g(p, q)$ 是任何其他满足上述条件的函数, 那么在 $\Omega \setminus \{q\}$ 上, 有 $g(\cdot, q) \leqslant G_\Omega(\cdot, q)$.

命题 2.8.1 (参考文献 [58]) R、S 均为平面区域, 并且 S 上存在非平凡的 Green 函数 G_S. 如果 $f : R \to S$ 是从 R 到 S 的全纯映射, 那么 R 上也存在非平凡的 Green 函数并且 $G_R(p, q) \geqslant G_S(f(p), f(q))$.

命题 2.8.2 (参考文献 [59]) R、S 均为平面区域, 假设 S 上存在非平凡的 Green 函数. 如果 $f : R \to S$ 是一个从 R 到 S 的全纯函数, 并且存在两个不同的点 z_0, $w_0 \in R$ 使得

$$G_R(z_0, w_0) = G_S(f(z_0), f(w_0)), \tag{2.8.1}$$

那么式 (2.8.1) 对于所有的 z, $w \in R$ 都成立并且 f 是单射.

Green 函数的唯一性除了可以用定义中 Green 函数的极大性刻画之外, 还可以用下面的极值性刻画.

命题 2.8.3 (参考文献 [60]) 假设 Ω 是一个 Riemann 曲面并且具有非平凡的 Green 函数 g_Ω. 对于给定的 $z_0 \in \Omega$, 令 (V, z) 是 z_0 的一个局部坐标邻域, $c_\beta(z)$ 是 Riemann 曲面 Ω 上关于 z 的对数容量. 假设 $\Theta(t)$ 是 $\mathbb{R}$ 上的凸增函数并且满足 $\lim\limits_{t\to-\infty}\Theta(t)=0$. 令 p 为 Riemann 曲面 Ω 上的任意函数, 并且 p 满足如下两个条件:

(1) p 在集合 $\Omega\setminus\{z_0\}$ 上是调和的;

(2) $\lim\limits_{z\to z_0} p(z)-\log|z-z_0|=0$,

那么在 Ω 上总有

$$\int_\Omega \Theta'(p)\left(\left(\frac{\partial p}{\partial x}\right)^2+\left(\frac{\partial p}{\partial y}\right)^2\right)\mathrm{d}x\mathrm{d}y \geqslant 2\pi\Theta(-\log c_\beta(z_0)).$$

上面不等式中的等号成立当且仅当 $p(z)=G_\Omega(z,z_0)-\log c_\beta(z_0)$.

特别地, 如果我们取 $\Theta(t)=\mathrm{e}^{2(k+1)t}$($k$ 是一个非负整数), 取 $F=\mathrm{e}^{p+\mathrm{i}p^*}$(其中 p^* 是 p 的 (多值) 调和共轭函数), 那么根据上述命题, 对于任意的 $F=\mathrm{e}^{p+\mathrm{i}p^*}$ 并且满足 $F(z_0)=0$, $|F'(z_0)|=1$,

$$\int_\Omega |F|^{2k}|F'|^2 \geqslant \frac{\pi}{(k+1)(c_\beta(z_0))^{(2k+2)}}$$

等号成立当且仅当 $p(z)=G_\Omega(z,z_0)-\log c_\beta(z_0)$. 特别地, 如果 $H=\mathrm{e}^{2(k+1)(G+\mathrm{i}G^*)}$, 那么

$$\int_\Omega |H|^{2k}|H'|^2=\frac{\pi}{k+1}.$$

2.9 解析容量

在这一节中, 我们将介绍有关解析容量的一些知识.

定义 2.9.1 令 $\Omega\subset\mathbb{C}$ 是一个平面区域并且有非平凡的 Green 函数, $z_0\in\Omega$. z_0 处的解析容量 $c_B(z_0)$ 定义为

$$c_B(z_0)=\sup|f_1(z_0)|,$$

其中上确界是在所有在 Ω 上满足 $f(z_0)=0$ 和 $|f|\leqslant 1$ 的全纯函数中取得的.

注记 2.9.1 根据定义, 我们有 $c_\beta(z_0)\geqslant c_B(z_0)$. 事实上, 我们有如下的结果.

引理 2.9.1 (参考文献 [16]) 令 $\Omega\subset\mathbb{C}$ 是一个平面区域并且有非平凡的 Green 函数 $G_\Omega(z,w)$, $z_0\in\Omega$. 如果存在 Ω 上的全纯函数 g 使得 $G_\Omega(z,z_0)=\log|g(z)|$, 那么 $c_\beta(z_0)=c_B(z_0)$.

记 $c_{SB}(z)$ 是满足定义 2.9.1 中条件的所有单射全纯函数在 $z_0 \in \Omega$ 的导数的上确界. 关于解析容量, 我们有下面的性质, 可参考文献 [61].

命题 2.9.1 设 $\Omega \subset \mathbb{C}$ 是一个平面区域, $z_0 \in \Omega$, 并且 Ω 有非平凡的 Green 函数, 那么 $c_B(z_0) = c_{SB}(z_0)$ 的充分必要条件是 Ω 共形等价于单位圆盘 Δ (去掉一个可能的相对闭集, 这个闭集可以表示为可数多个 N_B 中的紧集之并). 其中 N_B 表示所有的 Ω 中满足如下条件的子集 A: 对于任意的 $z_0 \in A$, $\sup\limits_{f \in \mathcal{O}(A)} |f'(z_0)| = 0$.

第 3 章　Cauchy-Riemann 方程与 L^2 方法

$\bar{\partial}$ 方程的 L^2 估计依赖于无界线性算子理论和 Friedrichs 型稠密性结果. 这一章主要介绍 L^2 方法的一些内容和证明主要定理时用到的一些引理和命题.

3.1　无界线性算子

定义 3.1.1　假设 E, F 是 Banach 空间, $T : \mathrm{Dom}\, T \to F$ 是无界稠定算子. T 的伴随算子

$$T^* : \mathrm{Dom}\, T^\star \subset F^\star \to E^\star$$

是一个无界算子, 其定义域为

$$\mathrm{Dom}\, T^\star = \left\{ v \in F^\star : \exists c \geqslant 0 \text{使得} |\langle v, Tu\rangle| \leqslant c\|u\|, \forall u \in D(T) \right\}.$$

显然, $\mathrm{Dom}\, T^\star$ 是 $F^\star$ 的子空间. 对于给定的 $v \in \mathrm{Dom}\, T^\star$, 考虑映射 $g : \mathrm{Dom}(T) \to \mathbb{C}$,

$$g(u) = \langle v, Tu\rangle, \quad \forall u \in \mathrm{Dom}\, T.$$

我们有

$$|g(u)| \leqslant c\|u\|, \quad \forall u \in \mathrm{Dom}\, T.$$

根据 Hahn-Banach 定理, 存在 g 的延拓线性映射 $f : E \to \mathbb{C}$, 使得

$$|f(u)| \leqslant c\|u\|, \quad \forall u \in E.$$

所以令

$$T^\star v = f.$$

从定义 3.1.1 可以看出

$$\langle v, Tu\rangle_{F^\star, F} = \langle T^\star v, u\rangle_{E^\star, E}, \quad \forall u \in \mathrm{Dom}\, T, \forall v \in \mathrm{Dom}\, T^\star.$$

显然, 任何微分算子 $P: C^\infty(X,E) \to C^\infty(X,F)$ 都可以通过计算分布的微分的方式延拓为一个算子

$$P_{\mathcal{H}}: L^2(X,E) \to L^2(X,F).$$

具体地, $u \in \mathrm{Dom}\,(P_{\mathcal{H}})$ 当且仅当 $u \in L^2(M,E)$ 并且 $\widetilde{P}u \in L^2(M,F)$ 在分布意义下成立.

因为微分算子是稠定闭算子, 所以 $P_{\mathcal{H}}$ 也是稠定闭算子. 于是, $P_{\mathcal{H}}$ 也有一个伴随, $(P_{\mathcal{H}})^\star: L^2(X,F) \to L^2(X,E)$ 称为 $P_{\mathcal{H}}$ 的 Hilbert 伴随.

一般地, $(P_{\mathcal{H}})^\star$ 和 $(P^\star)_{\mathcal{H}}$ 的定义域并不相同, 实际上,

$$\mathrm{Dom}\,(P_{\mathcal{H}})^\star \subset \mathrm{Dom}\,(P^\star)_{\mathcal{H}}\,.$$

但是在 $\mathrm{Dom}\,(P_{\mathcal{H}})^\star$ 上, $(P_{\mathcal{H}})^\star$ 和 $(P^\star)_{\mathcal{H}}$ 是相等的.

下面我们主要讨论 Hilbert 空间中的无界线性算子.

设 $\mathcal{H}_1, \mathcal{H}_2, \mathcal{H}_3$ 是 3 个复 Hilbert 空间, 我们将其中的内积记为 $(\cdot,\cdot)_1$, $(\cdot,\cdot)_2$ 和 $(\cdot,\cdot)_3$. 相应地, 我们也有范数的记号, 分别为 $\|\cdot\|_1$, $\|\cdot\|_2$ 和 $\|\cdot\|_3$. 假设 $T: \mathcal{H}_1 \longrightarrow \mathcal{H}_2$, $S: \mathcal{H}_2 \longrightarrow \mathcal{H}_3$ 是稠定闭算子,

$$\mathcal{H}_1 \xrightarrow{T} \mathcal{H}_2 \xrightarrow{S} \mathcal{H}_3$$

并且满足 $S \circ T = 0$. 这就是说, $T(\mathrm{Dom}\,T)$ 包含在 $\ker S \subset \mathrm{Dom}S$ 中. 下面的定理是 L^2 估计的抽象版本.

定理 3.1.1 沿用上面的记号, 我们有下面的正交分解:

$$\mathcal{H}_2 = (\ker S \cap \ker T^*) \oplus \overline{\mathrm{Im}T} \oplus \overline{\mathrm{Im}S^*};$$

$$\ker S = (\ker S \cap \ker T^*) \oplus \overline{\mathrm{Im}T}.$$

如果存在常数 $C > 0$ 使得对于任意的 $x \in \mathrm{Dom}S \cap \mathrm{Dom}T^*$, 有

$$\|T^*x\|_1^2 + \|Sx\|_3^2 \geqslant C\|x\|_2^2,$$

那么 $\mathrm{Im}\,T = \ker S$. 这时候, 对于任意的 $v \in \mathcal{H}_2 (Sv = 0)$, 都存在 $u \in \mathcal{H}_1$ 使得

$$Tu = v,$$

并且有如下估计:

$$\|u\|_1^2 \leqslant \frac{1}{C}\|v\|_2^2.$$

特别地,

$$\overline{\mathrm{Im}T} = \mathrm{Im}T = \ker S,\ \overline{\mathrm{Im}S^*} = \mathrm{Im}S^* = \ker T^*.$$

证明 因为 S 是闭算子, 所以算子 S 的核空间 $\ker S$ 在 $\mathcal{H}_2$ 中是闭子空间. 根据关系式

$$(\ker S)^{\perp} = \overline{\operatorname{Im} S^*},$$

我们有

$$\mathcal{H}_2 = \ker S \oplus \overline{\operatorname{Im} T}. \tag{3.1.1}$$

同理, 我们也有

$$\mathcal{H}_2 = \ker T \oplus \overline{\operatorname{Im} T}.$$

又因为 $S \circ T = 0$, $\overline{\operatorname{Im} T} \subset \ker S$, 因此

$$\ker S = (\ker S \cap \ker T^*) \oplus \overline{\operatorname{Im} T}. \tag{3.1.2}$$

将式 (3.1.1) 和式 (3.1.2) 结合起来就可得到定理中的正交分解.

如果还有条件

$$\|T^* x\|_1^2 + \|Sx\|_3^2 \geqslant C\|x\|_2^2, \tag{3.1.3}$$

我们现在要证明对于任意的 $v \in \mathcal{H}_2$ 并且 $Sv = 0$, 都可以对方程

$$Tu = v$$

进行求解. 事实上, 如果假设 $x \in \operatorname{Dom} T^*$, 我们可以将 x 写成

$$x = x' + x'',$$

其中 $x' \in \ker S$, $x'' \in (\ker S)^{\perp} \subset (\operatorname{Im} T)^{\perp} = \ker T^*$. 因为 $x, x'' \in \operatorname{Dom} T^*$, 我们可以知道 $x' \in \operatorname{Dom} T^*$. 又因为 $v \in \ker S$, $x'' \in (\ker S)^{\perp}$, 所以

$$(v, x)_2 = (v, x')_2 + (v, x'')_2 = (v, x')_2.$$

因为 $Sx' = 0$, $T^* x'' = 0$, 结合 Cauchy-Schwarz 不等式和式 (3.1.3), 有

$$\begin{aligned}
|(v, x)_2|^2 &\leqslant \|v\|_2^2 \|x'\|_2^2 \\
&\leqslant \frac{1}{C}\|v\|_2^2 \|T^* x'\|_1^2 \\
&= \frac{1}{C}\|v\|_2^2 \|T^* x\|_1^2.
\end{aligned}$$

这意味着线性形式 $x \mapsto (x,v)_2$ 在 $\operatorname{Im} T^*$ 上是连续的, 并且范数不大于 $\sqrt{C}\|v\|^2$. 根据 Hahn-Banach 定理, 这个线性形式可以保持范数延拓到 $\mathcal{H}_1$ 上, 也就是说, 我们可以找到 $u \in \mathcal{H}_1$ 使得对于任意的 $x \in \operatorname{Dom} T^*$, 有

$$(x,v)_2 = (T^*x,u)_1$$

并且

$$\|u\|_1^2 \leqslant C\|v\|_2.$$

这也说明 $u \in \operatorname{Dom} T^{**} = \operatorname{Dom} T$ 并且 $Tu = v$, 因此 $\operatorname{Im} T = \ker S$. 特别地, 因为 $\ker S$ 是闭的, 从而 $\operatorname{Im} T$ 也是闭的. $\operatorname{Im} S^* = \ker T^*$ 可以通过 S 和 T 各自的伴随算子得到. □

3.2 完备流形

设 X 是复流形, $\mathrm{d}V(x) = \gamma(x)\mathrm{d}x_1 \wedge \cdots \wedge \mathrm{d}x_m$ 是 X 上的光滑体积形式, (E,h) 是 X 上的全纯 Hermite 向量场, 那么所有的 L^2 系数的 E 的整体截面构成了一个 Hilbert 空间 $L^2(X,E)$. 对于任意的 $u,v \in L^2(X,E)$, 我们把 $L^2(X,E)$ 中的内积表示为

$$\langle\langle u,v\rangle\rangle = \int_M \langle u(x),v(x)\rangle \mathrm{d}V(x),$$

把 $L^2(X,E)$ 中的范数表示为

$$\|u\|^2 = \int_M |u(x)|^2 \mathrm{d}V(x) < +\infty.$$

定义 3.2.1 设 X 是一个复流形, E 和 F 是 X 上的全纯 Hermite 向量丛, $P: C^\infty(X,E) \to C^\infty(X,F)$ 是一个微分算子, 那么存在唯一的一个微分算子

$$P^\star : C^\infty(M,F) \to C^\infty(M,E),$$

使得对于所有的 $u \in C^\infty(M,E)$ 和 $v \in C_c^\infty(M,E)$ 都有

$$\langle\langle Pu,v\rangle\rangle = \langle\langle u,P^\star v\rangle\rangle\,.$$

我们称 P^* 为 P 的形式伴随.

我们用 $\bar{\partial}^*$ 和 v 分别表示 $\bar{\partial}$ 的 Hilbert 伴随和形式伴随. 一般地, 这两个算子之差是一个边界项. 通过使用 $\bar{\partial}$ 方程来研究问题的主要困难在于边界项. Kohn [5] 通过计算图范数

的强制性来研究这个边界项, 而 Andreotti 和 Vesentini 等人通过度量完备性规避这个边界项 [10,62], Hörmander [7] 通过卷积和逼近来规避这个边界项.

本书通过文献 [10] 的方法来避免边界项的出现. 具体地, 我们有如下引理 [50].

引理 3.2.1 (Hopf-Rinow) 设 (X, g) 是 Riemann 流形, 则下列叙述是等价的:

(1) (X, g) 是完备的;

(2) 存在光滑的穷竭函数 ψ 使得 $|\mathrm{d}\psi|_g \leqslant 1$;

(3) 存在 X 的紧集列 $(K_\nu)_{\nu\in\mathbb{N}}$ 和凸包函数 $\psi_\nu \in C^\infty(M, \mathbb{R})$ 使得, 在 K_ν 的一个邻域上, 有

$$\psi_\nu = 1, \quad \operatorname{Supp}\psi_\nu \subset K_{\nu+1}^\circ,$$

$$0 \leqslant \psi_\nu \leqslant 1, \quad |\mathrm{d}\psi_\nu|_g \leqslant 2^{-\nu}.$$

引理 3.2.1 中的 (3) 是非常重要的性质, 这个性质保证了两种伴随在完备流形情况下的一致性. 下面我们用 $D(M, E)$ 表示具有紧支集的光滑截面的全体.

引理 3.2.2 (Andreotti-Vesentini, 参考文献 [62]) 设 (X, g) 是完备 Riemann 流形, 那么

(1) $D_\bullet(M, E)$ 在 Dom D, Dom δ 和 Dom D∩Dom δ 中关于图范数

$$u \mapsto \|u\| + \|Du\|, \quad u \mapsto \|u\| + \|\delta u\|, \quad u \mapsto \|u\| + \|Du\| + \|\delta u\|$$

稠密.

(2) $D^\star = \delta$, $\delta^\star = D$.

(3) 对于任意的 $u \in \operatorname{Dom}\Delta$, 有

$$\langle u, \Delta u\rangle = \|Du\|^2 + \|\delta u\|^2.$$

特别地, 有

$$\operatorname{Dom}\Delta \subset \operatorname{Dom}D \cap \operatorname{Dom}\delta, \qquad \operatorname{Ker}\Delta = \operatorname{Ker}D \cap \operatorname{Ker}\delta,$$

其中 Δ 是自共轭的.

(4) 如果 $D^2 = 0$, 那么存在正交分解

$$L^2_\bullet(M, E) = \mathscr{H}^\bullet(M, E) \oplus \overline{\operatorname{Im}D} \oplus \overline{\operatorname{Im}\delta},$$

$$\operatorname{Ker}D = \mathscr{H}^\bullet(M, E) \oplus \overline{\operatorname{Im}D}.$$

其中 $\mathscr{H}^\bullet = \{u \in L^2_\bullet(M, E) : \Delta u = 0\} \subset C^\infty_\bullet(M, E)$ 是 L^2 调和形式.

引理 3.2.3 (参考文献 [50]) 假设 X 是一个复流形并且具有 Kähler 度量 ω, $E\to X$ 是 X 上的 Hermite 全纯向量丛, σ 是 E 的一个截面, $Y=\sigma^{-1}(0)$. 假设 X 是弱拟凸流形, ψ 是 X 上的光滑多次调和穷竭函数, 令 $X_c=\{x\in X:\psi(x)<c\}$. 于是对于任意的 $c\in\mathbb{R}$, $X_c\setminus Y$ 具有完备的 Kähler 度量.

证明 令 $\tau=\log|\sigma|^2$, 所以

$$\partial\tau=-\frac{\{D'\sigma,\sigma\}}{|\sigma|^2},\quad \bar\partial D'\sigma=\Theta_E\sigma,$$

于是

$$\mathrm{i}\partial\bar\partial\tau=\mathrm{i}\frac{\{D'\sigma,D'\sigma\}}{|\sigma|^2}-\mathrm{i}\frac{\{D'\sigma,\sigma\}\wedge\{\sigma,D'\sigma\}}{|\sigma|^4}-\frac{\{\mathrm{i}\Theta_E\sigma,\sigma\}}{|\sigma|^2}.$$

对于每一个 $\xi\in T_X$, 根据 Cauchy-Schwarz 不等式, 有

$$\begin{aligned}H\tau(\xi)&=\frac{|\sigma|^2|D'\sigma\cdot\xi|^2-|\langle D'\sigma\cdot\xi,\sigma\rangle|^2}{|\sigma|^4}-\frac{\Theta_E(\xi\otimes\sigma,\xi\otimes\sigma)}{|\sigma|^2}\\&\geqslant-\frac{\Theta_E(\xi\otimes\sigma,\xi\otimes\sigma)}{|\sigma|^2}.\end{aligned}$$

假设 C 是曲率 Θ_E 在紧集 $\overline{X_c}$ 上的界, 且在 X_c 上有

$$\mathrm{i}\partial\bar\partial\tau\geqslant-C\omega.$$

令 $\chi:\mathbb{R}\to\mathbb{R}$ 是光滑的凸增函数, 设

$$\hat\omega=\omega+\mathrm{i}\partial\bar\partial(\chi\circ\tau),$$

可以验证, 如果 $\chi'\leqslant 1/(2C)$, $\hat\omega$ 是正的, 并且当

$$\int_{-\infty}^{0}\sqrt{\chi''(t)}\mathrm{d}t=\infty$$

时, 那么 $\hat\omega$ 在 $Y=\tau^{-1}(0)$ 附近是完备的. 例如, 取 $\chi(t)=\dfrac{1}{5C}(t-\log|t|)$, $t\leqslant-1$, 令

$$\begin{aligned}\tilde\omega&=\hat\omega+\mathrm{i}\partial\bar\partial\log(c-\psi)^{-1}\\&=\hat\omega+\frac{\mathrm{i}\partial\bar\partial\psi}{c-\psi}+\frac{\mathrm{i}\partial\psi\wedge\bar\partial\psi}{(c-\psi)^2}\\&\geqslant\mathrm{i}\partial\log(c-\psi)^{-1}\wedge\bar\partial\log(c-\psi)^{-1},\end{aligned}$$

因为当 $x\to\partial X_c$ 时, $\log(c-\psi)^{-1}\to\infty$, 从而 $\tilde\omega$ 在 $X_c\setminus Y$ 上是完备的. □

3.3 $\bar{\partial}$-算子的 L^2 估计

下面的引理是著名的 Twisted Bochner-Kodaira 不等式, 这个不等式在使用 L^2 方法解决 $\bar{\partial}$ 方程过程中有着重要的作用.

引理 3.3.1 (参考文献 [31] 和 [63]) 令 (X,ω) 是一个 n 维 Stein Kähler 流形, 其中 ω 是 Kähler 度量. 令 (E,h) 是 X 上的全纯 Hermite 向量丛, 其中 h 是 E 上的光滑度量. 令 $\eta, g>0$ 是 X 上的光滑函数, 那么对于任意的 $\alpha \in D(X, \Lambda^{n,q}T_X^* \otimes E)$, 有

$$\|(\eta+g^{-1})^{\frac{1}{2}}D''^*\alpha\|^2+\|\eta^{\frac{1}{2}}D''\alpha\|^2 \geqslant \langle\langle[\eta\sqrt{-1}\Theta_E-\sqrt{-1}\partial\bar{\partial}\eta-\sqrt{-1}g\partial\eta\wedge\bar{\partial}\eta, \Lambda_\omega]\alpha,\alpha\rangle\rangle, \tag{3.3.1}$$

其中 Λ_ω 是左乘 ω 的形式伴随算子.

引理 3.3.2 (参考文献 [16]) 令 (X,ω) 是一个 n 维 Stein Kähler 流形, 其中 ω 是 Kähler 度量. 令 (E,h) 是 X 上的全纯 Hermite 向量丛, 其中 h 是 E 上的光滑度量. 设 θ 是 X 上一个连续的 $(1,0)$ 形式, 那么对于任意的 E-值 $(n,1)$ 形式 α, 有

$$[\sqrt{-1}\theta\wedge\bar{\theta}, \Lambda_\omega]\alpha=\bar{\theta}\wedge(\alpha\llcorner(\bar{\theta})^\sharp).$$

特别地, 对于任意的正 $(1,1)$ 形式 β, $[\beta, \Lambda_\omega]$ 是半正的.

下面的引理是使用 L^2 方法解 $\bar{\partial}$ 方程的关键引理.

引理 3.3.3 (参考文献 [56], [64]) 令 (X,ω) 是一个完备的 Kähler 流形, 但是 Kähler 度量 ω 不一定是完备的. 令 (E,h) 是 X 上的全纯 Hermite 向量丛, 其中 h 是 E 上的光滑度量. 假设 X 上的有界正函数 η, $g>0$ 可使曲率算子 B 对于 $q \geqslant 1$, 有

$$B:=[\eta\sqrt{-1}\Theta_E-\sqrt{-1}\partial\bar{\partial}\eta-\sqrt{-1}g\partial\eta\wedge\bar{\partial}\eta, \Lambda_\omega]$$

在 $\Lambda^{n,q}T_X^* \otimes E$ 上是处处正定的, 那么对于任意的 $\lambda \in L^2(X, \Lambda^{n,q}T_X^* \otimes E)$, 且

$$D''\lambda=0,$$

$$\int_X\langle B^{-1}\lambda,\lambda\rangle\mathrm{d}V_\omega<\infty,$$

存在 $u \in L^2(X, \Lambda^{n,q-1}T_X^* \otimes E)$, 使得

$$D''u=\lambda$$

并且有如下估计:

$$\int_X (\eta + g^{-1})^{-1}|u|^2 \mathrm{d}V_\omega \leqslant \int_X \langle B^{-1}\lambda, \lambda\rangle \mathrm{d}V_\omega.$$

证明 我们首先假设 ω 是完备的. 对于任意的 $v \in \operatorname{Dom} D''^*$, 将 v 写作

$$v = v_1 + v_2,$$

其中 $v_1 \in \ker D''$, $v_2 \in (\ker D'')^\perp$, 所以

$$|\langle\lambda, v\rangle|^2 = |\langle\lambda, v_1\rangle|^2 \leqslant \int_X \langle B^{-1}\lambda, g\rangle \mathrm{d}V_\omega \int_X \langle Bv_1, v_1\rangle \mathrm{d}V_\omega.$$

又根据 Twisted Bochner-Kodaira 不等式, 有

$$\int_X \langle Bv_1, v_1\rangle \mathrm{d}V_\omega \leqslant \left\|\left(\eta^{\frac{1}{2}} + g^{-1}\right) D''^* v_1\right\|^2 + \left\|\eta^{\frac{1}{2}} D'' v_1\right\|^2 = \left\|\left(\eta^{\frac{1}{2}} + g^{-1}\right) D''^* v_1\right\|^2,$$

所以,

$$|\langle\lambda, v\rangle|^2 \leqslant \int_X \langle B^{-1}\lambda, \lambda\rangle \mathrm{d}V_\omega \left\|\left(\eta^{\frac{1}{2}} + g^{-1}\right) D''^* v_1\right\|^2.$$

根据 Hahn-Banach 定理和 Riesz 表示定理, 存在 $w \in L^2(X, \wedge^{n,q}T_X^* \otimes E)$ 使得

$$\|w\|^2 \leqslant \int_X \langle B^{-1}\lambda, \lambda\rangle \mathrm{d}V_\omega,$$

$$\langle\!\langle v, \lambda\rangle\!\rangle = \langle\!\langle \left(\eta^{\frac{1}{2}} + g^{-1}\right) D''^* v, w\rangle\!\rangle,$$

最后令 $u = \left(\eta^{\frac{1}{2}} + g^{-1}\right) w$ 即可. 若 ω 不是完备的, 我们可以在完备度量 $\omega_\varepsilon = \hat{w} + \varepsilon\omega$(其中 $\hat{w}$ 是一个完备度量) 下求解方程, 然后根据下面的引理, 通过逼近的方法得到该定理. □

引理 3.3.4 假设流形 X 上有两个 Hermite 度量 ω, γ 并且 $\gamma \geqslant \omega$, 那么对于任意的 $u \in \Lambda^{n,q}T_X^* \otimes E$, $q \geqslant 1$, 都有

$$|u|_\gamma^2 \mathrm{d}V_\gamma \leqslant |u|^2 \mathrm{d}V,$$

$$\langle B_\gamma^{-1}u, u\rangle_\gamma \mathrm{d}V_\gamma \leqslant \langle B^{-1}u, u\rangle \mathrm{d}V.$$

证明 假设 x_0 是流形 X 上的一个固定点, $(z_1, z_2, \cdots, z_n)$ 是 x_0 附近的局部坐标, 并且在 x_0 处, 有

$$\omega = \mathrm{i} \sum_{1\leqslant j\leqslant n} \mathrm{d}z_j \wedge \mathrm{d}\bar{z}_j, \quad \gamma = \mathrm{i} \sum_{1\leqslant j\leqslant n} \gamma_j \mathrm{d}z_j \wedge \mathrm{d}\bar{z}_j,$$

其中 $\gamma_1 \leqslant g_2 \leqslant \cdots \leqslant \gamma_n$ 是 γ 关于 ω 的特征值, 因此 $\gamma_j \geqslant 1$. 于是对于多重指标 K, 有 $|\mathrm{d}z_j|_\gamma^2 = \gamma_j^{-1}$, $|\mathrm{d}z_K|_\gamma^2 = \gamma_K^{-1}$, 其中 $\gamma_K = \prod_{j\in K} \gamma_j$.

对于任意的 $u=\sum u_{K,\lambda}\mathrm{d}z_1\wedge\mathrm{d}z_2\wedge\cdots\wedge\mathrm{d}z_n\wedge\mathrm{d}\bar{z}_K\otimes e_\lambda$, $|K|=q$, $1\leqslant\lambda\leqslant\operatorname{rank}E$, 于是

$$|u|_\gamma^2=\sum_{K,\lambda}(\gamma_1\gamma_2\dots\gamma_n)^{-1}\gamma_K^{-1}|u_{K,\lambda}|^2, \mathrm{d}V_\gamma=\gamma_1\gamma_2\dots\gamma_n\mathrm{d}V,$$

$$|u|_\gamma^2\mathrm{d}V_\gamma=\sum_{K,\lambda}\gamma_K^{-1}|u_{K,\lambda}|^2\mathrm{d}V\leqslant|u|^2\mathrm{d}V,$$

$$B_\gamma u=\sum_{|I|=q-1}\sum_{j,\lambda}\mathrm{i}(-1)^{n+j-1}\gamma_j^{-1}u_{jI,\lambda}(\widehat{\mathrm{d}z_j})\wedge\mathrm{d}\bar{z}_I\otimes e_\lambda,$$

其中 $(\widehat{\mathrm{d}z_j})=\mathrm{d}z_1\wedge\cdots\wedge\mathrm{d}z_{j-1}\wedge\mathrm{d}z_{j+1}\wedge\cdots\wedge\mathrm{d}z_n$.

因为

$$B_\gamma u=\sum_{|I|=q-1}\sum_{j,k,\lambda,\mu}\gamma_j^{-1}c_{jk\lambda\mu}u_{jI,\lambda}\mathrm{d}z_1\wedge\cdots\wedge\mathrm{d}z_n\wedge\mathrm{d}\bar{z}_{kI}\otimes e_\mu,$$

$$\begin{aligned}\langle B_\gamma u,u\rangle_\gamma&=(\gamma_1\gamma_2\dots\gamma_n)^{-1}\sum_{|I|=q-1}\gamma_I^{-1}\sum_{j,k,\lambda,\mu}\gamma_j^{-1}\gamma_k^{-1}c_{jk\lambda\mu}u_{jI,\lambda}\bar{u}_{kI,\mu}\\&\geqslant(\gamma_1\gamma_2\dots\gamma_n)^{-1}\sum_{|I|=q-1}\gamma_I^{-2}\sum_{j,k,\lambda,\mu}\gamma_j^{-1}\gamma_k^{-1}c_{jk\lambda\mu}u_{jI,\lambda}\bar{u}_{kI,\mu}\\&=\gamma_1\gamma_2\dots\gamma_n\langle BS_\gamma u,S_\gamma u\rangle,\end{aligned}$$

其中 S_γ 的定义为

$$S_\gamma u=\sum_K(\gamma_1\gamma_2\dots\gamma_n\gamma_K)^{-1}u_{K,\lambda}\mathrm{d}z_1\wedge\cdots\wedge\mathrm{d}z_n\wedge\mathrm{d}\bar{z}_K\otimes e_\lambda,$$

因此

$$\begin{aligned}|\langle u,v\rangle_\gamma|^2&=|\langle u,S_\gamma v\rangle|^2\\&\leqslant\langle B^{-1}u,u\rangle\langle BS_\gamma v,S_\gamma v\rangle\\&\leqslant(\gamma_1\gamma_2\dots\gamma_n)^{-1}\langle B^{-1}u,u\rangle\langle B_\gamma v,v\rangle_\gamma.\end{aligned}$$

在上面的式子中, 选取 $v=B_\gamma^{-1}u$, 就可得到

$$\langle B_\gamma^{-1}u,u\rangle_\gamma\leqslant(\gamma_1\gamma_2\dots\gamma_n)^{-1}\langle B^{-1}u,u\rangle.$$

□

下面的结果说明了在一定情况下, $\bar\partial$ 方程是可以延拓过解析集的.

引理 3.3.5 假设集合 Ω 是 $\mathbb{C}^n$ 上的区域, 集合 Y 是区域 Ω 上的解析集. 假设 v 是一个具有 L^2_{loc} 系数的 $(p,q-q)$ 形式, w 是一个具有 L^1_{loc} 系数的 (p,q) 形式, 并且在 $\Omega\setminus Y$ 上, 有

$$\bar{\partial}v=w(\text{在分布意义下}),$$

那么在 Ω 上也有

$$\bar{\partial}v=w.$$

证明 我们只需在解析集 Y 的一个正则点 a 的一个邻域上进行说明即可, 因为一般的情况可以通过归纳法得到.

根据局部解析同构, 我们只要证明当 $a=0$ 时, Y 包含在超平面 $z_1=0$ 的情况. 令 $\lambda:\mathbb{R}\to\mathbb{R}$ 是一个光滑函数, 并且当 $t\leqslant 1/2$ 时, $\lambda(t)=0$; 当 $t\geqslant 1$ 时, $\lambda(t)=1$. 我们需要证明对于任意的 $\alpha\in D_{n-p,n-q}(\Omega)$, 有

$$\int_{\Omega}w\wedge\alpha=(-1)^{p+q}\int_{\Omega}v\wedge\bar{\partial}\alpha.$$

设 $\lambda_\varepsilon(z)=\lambda\left(\dfrac{|z_1|}{\varepsilon}\right)$, 并用 $\lambda_\varepsilon\alpha$ 替换积分中的 α, 于是 $\lambda_\varepsilon\alpha\in D_{n-p,n-q}(\Omega\setminus Y)$, 且根据假设有

$$\begin{aligned}\int_{\Omega}\omega\wedge\lambda_\varepsilon\alpha&=(-1)^{p+q}\int_{\Omega}v\wedge\bar{\partial}(\lambda_\varepsilon\alpha)\\&=(-1)^{p+q}\int_{\Omega}v\wedge(\bar{\partial}\lambda_\varepsilon\wedge\alpha+\lambda_\varepsilon\bar{\partial}\alpha).\end{aligned}$$

因为 w 和 v 在 Ω 上都有 L^1_{loc} 系数, 所以当 $\varepsilon\to 0$ 时, $\omega\wedge\lambda_\varepsilon\alpha$ 的积分和 $v\wedge\lambda_\varepsilon\bar{\partial}\alpha$ 的积分分别收敛于 $\omega\wedge\lambda_\varepsilon\alpha$ 和 $v\wedge\bar{\partial}\alpha$. 根据 Cauchy-Schwarz 不等式, 可知

$$\left|\int_{\Omega}v\wedge\bar{\partial}\lambda_\varepsilon\wedge\alpha\right|^2\leqslant\int_{|z_1|\leqslant\varepsilon}|v\wedge\alpha|^2\mathrm{d}V\int_{\operatorname{supp}\alpha}|\bar{\partial}\lambda_\varepsilon|^2\mathrm{d}V.$$

因为 $v\in L^2_{\text{loc}}(\Omega)$, 所以当 $\varepsilon\to 0$ 时, $\displaystyle\int_{|z_1|\leqslant\varepsilon}|v\wedge\alpha|^2\mathrm{d}V\to 0$. 又因为

$$\int_{\operatorname{supp}\alpha}|\bar{\partial}\lambda_\varepsilon|^2\mathrm{d}V\leqslant\frac{C}{\varepsilon^2}\mathrm{vol}(\operatorname{supp}\alpha\cap\{|z_1|\leqslant\varepsilon\})\leqslant C',$$

于是对于任意的 $\alpha\in D_{n-p,n-q}(\Omega)$, 有

$$\int_{\Omega} w \wedge \alpha = (-1)^{p+q} \int_{\Omega} v \wedge \bar{\partial}\alpha.$$

□

值得指出的是, 最近, 文献 [65] 引入了 Hermite 全纯向量丛的 $\bar{\partial}$ 算子满足 L^2 估计性质的新概念, 并且建立了下面的结果, 这个结果可以被看作上面定理的逆定理.

定义 3.3.1 (参考文献 [65]) 假设 (X, ω) 是一个 n 维 Kähler 流形, 并且在 X 上有一个正的 Hermite 全纯线丛, $p > 0$. 我们称 Hermite 全纯向量丛 (E, h) (秩可能为无限) 满足最优 L^p-估计性质, 如果对于 X 上的任意正 Hermite 全纯线丛 (A, h_A) 和任意的 $f \in C_c^{\infty}(X, \wedge^{n,1} T_X^* \otimes E \otimes A)$, 其中

$$\bar{\partial} f = 0,$$

$$\int_X \langle B_{A,h_A}^{-1} f, f \rangle^{\frac{p}{2}} \mathrm{d}V_{\omega} < \infty, \quad B_{A,h_A} = [\mathrm{i}\Theta_{A,h_A} \otimes \mathrm{Id}_E, \Lambda_{\omega}],$$

都存在 $u \in L^p(X, \wedge^{n,0} T_X^* \otimes E \otimes A)$ 使得 $\bar{\partial} u = f$,

$$\int_X |u|_{h \otimes h_A}^p \mathrm{d}V_{\omega} \leqslant \int_X \langle B_{A,h_A}^{-1} f, f \rangle^{\frac{p}{2}} \mathrm{d}V_{\omega}. \tag{3.3.2}$$

根据 Hörmander 和 Demailly 的 L^2 存在性定理, 完备 Kähler 流形上的 Nakano 正 Hermite 全纯向量丛满足最优 L^2 估计条件.

定理 3.3.1 (参考文献 [65]) 假设 (X, ω) 是一个 Kähler 流形, 其维数为 n 并且在 X 上存在正的 Hermite 全纯线丛. 设 (E, h) 是流形 X 上的 Hermite 全纯向量丛并且 h 是光滑度量. 如果 (E, h) 满足最优 L^2 估计条件, 那么 (E, h) 是 Nakano 正的.

下面的引理是 Montel 定理的一个类比.

引理 3.3.6 (参考文献 [16]) 令 X 是一个 n 复流形, $\mathrm{d}V_X$ 是 X 上的一个连续体积形式. (E, h) 是 X 上的 r 维全纯 Hermite 向量丛, 其中 h 是 E 上的光滑度量. $\{F_j\}_{j=1}^{\infty}$ 是一列 E-值全纯 $(n, 0)$ 形式. 假设对于 X 中的任意紧集 K, 都存在一个常数 (与 K 有关) $C_K > 0$, 使得

$$\int_K |F_j|_h^2 \mathrm{d}V_M \leqslant C_K \tag{3.3.3}$$

对于 $j = 1, 2, \cdots$ 成立, 那么存在 $\{F_j\}_{j=1}^{\infty}$ 的一个子列, 在 X 的任意紧集上都一致收敛于 $K_X \otimes E$ 的一个全纯截面.

3.4 乘子理想层

令 X 是一个 n 维复流形, $x\in X$, φ 是 X 上的一个多次调和函数. x 处 φ 的乘子理想层的芽 $\mathcal{I}(\varphi)_x$ 的定义为: 使得 $|f|^2\mathrm{e}^{-\varphi}$ 在 x 附近局部可积的全纯函数的芽, 即

$$\mathcal{I}(\varphi)_x=\{f\in\mathcal{O}(X)_x: \text{存在 } x \text{ 的邻域 } U \text{ 使得 } \int_U|f|^2\mathrm{e}^{-\varphi}<\infty\}.$$

根据 Nadel 的结果, 乘子理想层 $\mathcal{I}(\varphi)$ 是一个凝聚层.

定理 3.4.1 设 Ω 是复流形 X 中的一个区域, 那么 $\mathcal{I}(\varphi)$ 是 Ω 上的凝聚层. 进一步, 如果 Ω 是一个拟凸域, 那么 $\mathcal{I}(\varphi)$ 是由 $A^2(\Omega,\varphi)$ 中的任意 Hilbert 基生成的.

证明 我们不妨假设 $\Omega\subset\mathbb{C}^n$. 根据凝聚层的强 Noether 性质, 在由 $A^2(\Omega,\varphi)$ 中的有限元素生成的层中, 在 Ω 上的每一个紧集上都存在极大元. 因此 $A^2(\Omega,\varphi)$ 生成了 $\mathcal{O}_\Omega$ 的一个子层, 记作 $\mathcal{I}$. 显然, $\mathcal{I}\subset\mathcal{I}(\varphi)$. 反过来, 如果我们能证明

$$\mathcal{I}_x+\mathcal{I}(\varphi)_x\cap\mathfrak{m}_{\Omega,x}^{s+1}$$

对每一个整数 s 都成立, 那么根据 Krull 引理, 我们就证明了 $\mathcal{I}=\mathcal{I}(\varphi)$.

设 $f\in\mathcal{I}(\varphi)_x$ 定义在 x 的一个邻域 V 中, θ 是一个截断函数, 其支集在 V 中, 并且假设在 x 的一个邻域中, $\theta=1$. 设权函数

$$\tilde{\varphi}(z)=\varphi(z)+2(n+s)\log|z-x|+|z|^2,$$

利用 Hörmander 估计求解方程

$$\bar{\partial}u=\bar{\partial}\theta f,$$

可得到满足

$$\int_\Omega|u|^2\mathrm{e}^{-\varphi}|z-x|^{2(n+s)}\mathrm{d}\lambda<\infty$$

的解 u. 于是 $F=\theta f-u$ 是全纯的, 并且 $F\in A^2(\Omega,\varphi)$, $f_x-F_x=u_x\in\mathcal{I}(\varphi)_x\cap\mathfrak{m}_{\Omega,x}^{s+1}$.

因为任何凝聚层的截面空间都是 Fréchet 空间, 所以凝聚层在局部 L^2 收敛的意义下是闭的, 于是 $\mathcal{I}$ 是由 $A^2(\Omega,\varphi)$ 中的任意 Hilbert 基生成的. □

记

$$\mathcal{I}_+(\varphi)=\bigcup_{\epsilon>0}\mathcal{I}((1+\epsilon)\varphi).$$

在文献 [12] 中, 关启安和周向宇证明了 Demailly 提出的强开性猜想.

定理 3.4.2　(参考文献 [12]) $\mathcal{I}(\varphi)=\mathcal{I}_+(\varphi)$.

定理 3.4.2 可以重新叙述为如下形式.

定理 3.4.3　(参考文献 [12]) 令 φ 是一个在 $\mathbb{C}^n$ 中的单位多圆盘 Δ^n 中的非正的多次调和函数, $\{\varphi_j\}_{j=1}^{\infty}$ 是一列 Δ^n 上的多次调和函数并且当 $j\to\infty$ 时, 在 Δ^n 渐增收敛到 φ. 令 f 是 Δ^n 上的全纯函数并且满足

$$\int_{\Delta^n}|F|^2\mathrm{e}^{-\varphi}\mathrm{d}\lambda_n<\infty,$$

那么存在正整数 $j_0\in\mathbb{N}$ 和 $r\in(0,1)$ 使得

$$\int_{\Delta_r^n}|f|^2\mathrm{e}^{-\varphi_{j_0}}\mathrm{d}\lambda_n<\infty,$$

其中 $\Delta_r^n=\{z\in\mathbb{C}^n:|z_1|^2<r,\cdots,|z_n|<r\}$.

引理 3.4.1 (参考文献 [66])　如果 X 是 $\mathbb{C}^n$ 的一个复闭子流形, 那么存在一个 X 在 $\mathbb{C}^n$ 中的邻域 V 和一个全纯收缩 $r:V\to M$.

引理 3.4.2 (参考文献 [67])　令 X 是 $\mathbb{C}^n$ 的一个复闭子流形. 那么 X 上的任意多次调和函数 u 都可以整体延拓到 $\mathbb{C}^n$ 上, 即存在 $\mathbb{C}^n$ 上的多次调和函数 w 使得 $w|_X=u$.

证明　令 V 是 X 在 $\mathbb{C}^n$ 中的邻域, 并且记 $r:V\to M$ 是全纯收缩. 令 u 是 X 上的多次调和函数, 定义

$$\tilde{u}(z):=u(r(z)),$$

那么 $\tilde{u}$ 是 V 上的多次调和函数, 并且在 X 上有 $\tilde{u}=u$. 下面令 D 是满足 $X\subset D\subset\overline{D}\subset V$ 的拟凸域.

因为 X 是 $\mathbb{C}^n$ 中的复闭子流形, 所以 X 是 Stein 流形, 于是我们可以找到全纯函数 $\phi_1,\cdots,\phi_k$ 使得

$$X=\left\{z\in\mathbb{C}^N:\phi_1(z)=\cdots=\phi_k(z)=0\right\}.$$

令

$$\rho(z):=\log\left[|\phi_1(z)|^2+\cdots+|\phi_k(z)|^2\right].$$

注意, $-\rho$ 在 ∂D 上是局部有上界的, 因此, 我们能找到 $\mathbb{C}^n$ 中的实值函数 ϕ, 使得 ϕ 在 $\mathbb{C}^n$ 中局部有上界并且在 ∂D 上, 有

$$\phi=\tilde{u}-\rho.$$

记 $s=|z|$ 是 $\mathbb{C}^n$ 上光滑的多次调和穷竭函数, 对于任意的实数 $r\in\mathbb{R}$, 定义

$$q(r):=\sup\{\phi(z):s(z)\leqslant r\},$$

则 q 在 $\mathbb{R}$ 上局部有上界, 于是可以找到凸增函数 f 使得 $f(r)\geqslant q(r)$, 从而我们找到了 $\mathbb{C}^n$ 中的多次调和函数 v 使得在 $\mathbb{C}^n$ 中, 有

$$v(z):=(f\circ s)(z)\geqslant\phi(z).$$

定义

$$w(z):=\begin{cases}\max[\tilde{u}(z),v(z)+\rho(z)], & z\in D,\\ v(z)+\rho(z), & z\in\mathbb{C}^n\backslash D.\end{cases}$$

显然, w 是 $\mathbb{C}^n$ 中的多次调和函数并且因为当 $z\in X$ 时, $\rho(z)=-\infty$, 所以对于 $z\in X$, 我们有

$$w(z)=\tilde{u}(z)=u(z).$$

□

像 $\mathbb{C}^n$ 中的区域那样, Stein 流形上的多次调和函数也可以用光滑的多次调和函数进行逼近, 详见下面的引理. 这个性质在弱拟凸流形上一般不成立, 相应的例子可以查阅文献 [68].

引理 3.4.3 (参考文献 [69]) 令 X 是一个 Stein 流形, φ 是 X 上的多次调和函数, 那么存在 X 上的光滑的多次调和函数序列 $\{\varphi_n\}_{n\geqslant1}$, 使得对于任意的 $n\in\mathbb{N}$, 有

$$\varphi_n\geqslant\varphi_{n+1}$$

并且

$$\lim_{n\to\infty}\varphi_n=\varphi.$$

下面的引理可用于处理 Stein 流形上全纯线丛上的奇异 Hermite 度量的逼近问题, 是引理 3.4.3 的一个类比.

引理 3.4.4 令 X 是一个 Stein 流形, L 是 X 上的一个全纯线丛并且在 L 上有一个 (奇异) Hermite 度量 h 满足

$$\mathrm{i}\Theta_{(L,h)}\geqslant0,$$

那么存在 L 上光滑的 Hermite 度量序列 $\{h_k\}_{k\geqslant1}$ 满足

$$\mathrm{i}\Theta_{(L,h_k)}\geqslant0,$$

并且使得对于 $K_X \otimes L$ 上的任意局部全纯截面 v, 有 $|v|_{h_{k+1},\omega} \geqslant |v|_{h_k,\omega}$, $\lim\limits_{k\to\infty} |v|_{h_k,\omega} = |v|_{h,\omega}$.

证明　因为 X 是 Stein 流形, 所以存在全纯线丛 L 上的一个光滑的 Hermite 度量 h_0 使得

$$\mathrm{i}\Theta_{(L,h_0)} < 0.$$

这样的度量 h_0 可以构造如下. 令 h_1 是全纯线丛 L 上的一个任意光滑度量, ψ 是 Stein 流形 X 上的一个增长足够快的强多次调和函数, 那么 $h_0 = h_1 \mathrm{e}^{\psi}$ 便是我们需要的光滑度量.

令 $h := h_0 \mathrm{e}^{-r}$, 那么 r 是 Stein 流形 X 上整体定义的一个多次调和函数.

注意, Stein 流形 X 上存在一个光滑的强多次调和函数 ϕ 使得对于任意的 $\epsilon > 0$, 存在一个紧子集 $K_\epsilon \subset X$ 使得在 $X \setminus K_\epsilon$ 上, 有

$$\mathrm{i}\Theta_{(L,h_0\mathrm{e}^{-\epsilon\phi})} > 0.$$

事实上, 这样的 ϕ 可以构造如下.

令 Ψ 是 X 上的一个光滑的强多次调和函数, 假设 χ 是一个增凸函数, 并且使得

$$\chi' \circ \Psi(z) > 1 + \alpha(z)$$

足够大, 增长得足够快, 当 $\Psi(z)$ 趋于无穷时, $\chi' \circ \Psi(z)$ 趋于无穷大, 那么对于任意的 $\epsilon > 0$,

$$\begin{aligned}\mathrm{i}\Theta_{(L,h_0\mathrm{e}^{-\epsilon\phi})} &= \mathrm{i}\left(\Theta_{(L,h_0)} + \epsilon\partial\bar{\partial}(\chi\circ\Psi)\right) \\ &\geqslant \mathrm{i}\Theta_{(L,h_0)} + \epsilon(\chi'\circ\Psi)\mathrm{i}\partial\bar{\partial}\Psi.\end{aligned}$$

当 $\Psi(z)$ 趋于无穷大时, $\mathrm{i}\Theta_{(L,h_0)} + \epsilon(\chi'\circ\Psi)\mathrm{i}\partial\bar{\partial}\Psi$ 的最小特征值趋于无穷大. 于是, 存在 X 上的一个紧集 $K_\epsilon \subset X$ 使得在 $X \setminus K_\epsilon$ 上, 有

$$\mathrm{i}\Theta_{(L,h_0\mathrm{e}^{-\epsilon\phi})} > 0.$$

因为 X 是 Stein 流形, 所以由引理 3.4.1, 我们可以把 X 看作某个 $\mathbb{C}^N$ 中的复闭子流形, 将 r 看作 $\mathbb{C}^N$ 上的多次调和函数.

对于任意的 $j \geqslant 1$, 取 $K_j \subset\subset X$ 和 $h_0\mathrm{e}^{-(1/j)\phi}$ 使得在 $X \setminus K_j$ 上, 有

$$\mathrm{i}\Theta_{(L,h_0\mathrm{e}^{-(1/j)\phi})} > 0.$$

在 K_j 上, 因为 $\mathrm{i}\partial\bar{\partial}r \geqslant -\mathrm{i}\Theta_{(L,h_0)}$, 所以对于任意的 $\varepsilon > 0$ 都有 $\mathrm{i}\partial\bar{\partial}r_\varepsilon = \mathrm{i}\partial\bar{\partial}r * \rho_\varepsilon \geqslant -\mathrm{i}\Theta_{(L,h_0)} * \rho_\varepsilon$. 因为 $\mathrm{i}\Theta_{(L,h_0)}$ 是一个连续的 $(1,1)$ 形式, $\mathrm{i}\Theta_{(L,h_0)} * \rho_\varepsilon$ 在 K_j 上一致收敛于

$i\Theta_{(L,h_0)}$, 所以存在 $\varepsilon_j > 0$ 使得

$$-\frac{1}{j}i\partial\bar{\partial}\phi + i\Theta_{(L,h_0)} \leqslant i\Theta_{(L,h_0)} * \rho_\varepsilon \leqslant \frac{1}{j}i\partial\bar{\partial}\phi + i\Theta_{(L,h_0)}.$$

因此在 K_j 上, 有

$$i\Theta_{\left(L,h_0 e^{-r_{\varepsilon_j}-(1/j)\phi}\right)} = i\Theta_{(L,h_0)} + i\partial\bar{\partial}r_{\varepsilon_j} + \frac{1}{j}i\partial\bar{\partial}\phi \geqslant 0.$$

在集合 $X \setminus K_j$ 上, 根据构造, 线丛 L 关于度量 $h_0 e^{-r_{\varepsilon_j}-(1/j)\phi}$ 的曲率算子是正的. 因此度量族 $\{h_0 e^{-r_{\varepsilon_j}-(1/j)\phi}\}_{j\geqslant 1}$ 就是我们要找的一族度量. □

3.5 Ohsawa-Takegoshi L^2 延拓定理

全纯函数或者全纯向量丛的全纯截面满足一定可积性条件的延拓是多复变与复几何中的重要问题, 对于这一问题, 读者可以参考文献 [70] 和 [71].

定理 3.5.1 (Ohsawa-Takegoshi, 参考文献 [31]) 假设 $D \subset \mathbb{C}^n$ 是一个有界拟凸域, 函数 φ 是区域 D 上定义的多次调和函数. 假设 $H \subset D$ 是 D 中的一个闭子流形. 于是对于任何子流形 H 上的全纯函数 f, 存在常数 C(C 只依赖于 D 的直径) 使得

$$\int_H |f|^2 e^{-\varphi} dV_H < \infty,$$

在区域 D 中都存在全纯函数 F 使得

$$F|_H = f,$$

并且

$$\int_D |F|^2 e^{-\varphi} dV_D \leqslant C \int_H |f|^2 e^{-\varphi} dV_H < \infty,$$

其中 dV_D 和 dV_H 分别表示区域 D 和子流形 H 中的 Lebesgue 测度.

我们可以利用 Ohsawa-Takegoshi L^2 延拓定理, 用 Bergman 核逼近多次调和函数.

定理 3.5.2 (Demailly, 参考文献 [56]) 假设 $\Omega \subset \mathbb{C}^n$ 是一个有界拟凸域, 函数 φ 是 Ω 上的多次调和函数. 对于每一个 $m > 0$, 令 $A^2(\Omega, m\varphi)$ 表示由满足下面的可积性条件

$$\int_\Omega |f|^2 e^{-2m\varphi} d\lambda < \infty$$

的全纯函数 f 所构成的 Hilbert 空间. 设

$$\varphi_m = \frac{1}{2m}\log\sum|\sigma_l|^2,$$

其中 $\{\sigma_l\}$ 是 Hilbert 空间 $A^2(\Omega, m\varphi)$ 的标准正交基, 那么存在与 m 无关的常数 $C_1, C_2>0$ 使得

(1) 对于任意的 $z\in\Omega$, $r<\mathrm{d}(z,\partial\Omega)$, 都有

$$\varphi(z)-\frac{C_1}{m}\leqslant\varphi_m(z)\leqslant\sup_{|\zeta-z|<r}\varphi(\zeta)+\frac{1}{m}\log\frac{C_2}{r^n}.$$

特别地, 在 Ω 上, 当 $m\to\infty$ 时, φ_m 逐点收敛并且 L^1_{loc} 收敛到 φ.

(2) 对于任意的 $z\in\Omega$,

$$\nu(\varphi,z)-\frac{n}{m}\leqslant\nu(\varphi_m,z)\leqslant\nu(\varphi,z).$$

证明　(1) 注意, $\sum|\sigma_l|^2$ 是空间 $A^2(\Omega,m\varphi)$ 的 Bergman 核, 从而是赋值泛函

$$\begin{aligned}\mathrm{ev}_z:\quad A^2(\Omega,m\varphi)&\longrightarrow\quad\mathbb{C}\\ f\qquad&\longmapsto\quad f(z)\end{aligned}$$

范数的平方, 即 $\|\mathrm{ev}_z\|^2$. $\sigma_l(z)=\mathrm{ev}_z(\sigma_l)$ 是 ev_z 在标准正交基 $\{\sigma_l\}$ 下的第 l 个坐标. 换句话说, 有

$$\sum|\sigma_l(z)|^2=\sup_{\|f\|^2_{m\varphi}\leqslant 1}|f(z)|^2,$$

其中 $\|f\|^2_{m\varphi}=\int_\Omega|f|^2\mathrm{e}^{-m\varphi}\mathrm{d}\lambda$. 因为 φ 是局部上有界的, 所以 L^2 拓扑比内闭一致收敛强, 从而 $\sum|\sigma_l(z)|^2$ 在 Ω 上内闭一致收敛, 并且是实解析的. 进一步, 我们知道

$$\varphi_m=\sup_{\|f\|^2_{m\varphi}\leqslant 1}\frac{1}{m}\log|f(z)|.$$

对于 $z_0\in\Omega$, $r<d(z_0,\Omega)$, 根据次平均值不等式, 有

$$\begin{aligned}|f(z_0)|^2&\leqslant\frac{n!}{\pi^n r^{2n}}\int_{|z-z_0|<r}|f(z)|^2\mathrm{d}\lambda(z)\\&\leqslant\frac{n!}{\pi^n r^{2n}}\exp(2m\sup_{|z-z_0|<r}\varphi(z))\int_\Omega|f|^2\mathrm{e}^{-2m\varphi}\mathrm{d}\lambda.\end{aligned}$$

对所有满足 $\|f\|^2_{m\varphi}\leqslant 1$ 的全纯函数 f 取上确界, 我们有

$$\varphi_m(z)\leqslant\sup_{|z-z_0|<r}\varphi(z)+\frac{1}{2m}\log\frac{n!}{\pi^n r^{2n}},$$

于是 (1) 中的第二个不等式得证. 反过来, 根据 Ohsawa-Takegoshi 延拓定理, 在 $z_0 \in \Omega$ 处, 对于任意的 $a \in \mathbb{C}$, 都存在 Ω 上的全纯函数 f 使得

$$f(z_0) = a,$$

并且

$$\int_\Omega |f|^2 \mathrm{e}^{-2m\varphi} \mathrm{d}\lambda \leqslant C_3 |a|^2 \mathrm{e}^{-2m\varphi(z_0)},$$

其中 C_3 只依赖于维数 n 和 Ω 的直径 $\operatorname{diam}\Omega$. 我们固定 a 使得上式右边为 1, 所以 $\|f\|^2_{m\varphi} \leqslant 1$ 且

$$\varphi_m(z_0) \geqslant \frac{1}{m}\log|f(z_0)| = \frac{1}{m}\log|a| = \varphi(z) - \frac{\log C_3}{2m}.$$

于是 (1) 中的不等式已经证明完毕. 令 $r = \dfrac{1}{m}$, 根据 φ 的上半连续性, 有

$$\lim_{m\to\infty} \sup_{|\zeta - z| < 1/m} \varphi(\zeta) = \varphi(z).$$

又因为 $\lim\limits_{m\to\infty} \dfrac{1}{m}\log(C_2 m^n) = 0$, 所以

$$\lim_{m\to\infty} \varphi_m(z) = \varphi(z).$$

(2) 根据上面的估计, 有

$$\sup_{|z-z_0|<r} \varphi(z) - \frac{C_1}{m} \leqslant \sup_{|z-z_0|<r} \varphi_m(z) \leqslant \sup_{|z-z_0|<2r} \varphi(z) + \frac{1}{m}\log\frac{C_2}{r^n}.$$

上式两边同时除以 $\log r < 0$, 当 $r \to 0$ 的时候, 我们有

$$\frac{\sup\limits_{|z-z_0|<2r} \varphi(z) + \frac{1}{m}\log\frac{C_2}{r^n}}{\log r} \leqslant \frac{\sup\limits_{|z-z_0|<r} \varphi_m(z)}{\log r} \leqslant \frac{\sup\limits_{|z-z_0|<r} \varphi(z) - \frac{C_1}{m}}{\log r},$$

于是根据 Lelong 数的定义, 我们有

$$\nu(\varphi, z) - \frac{n}{m} \leqslant \nu(\varphi_m, z) \leqslant \nu(\varphi, z).$$

□

根据定理 3.5.2, 我们可有如下结论.

定理 3.5.3 (参考文献 [72]) 假设函数 φ 是复流形 X 上的多次调和函数, 那么对于每一个 $c > 0$, Lelong 数的上水平集

$$E_c(\varphi) = \{z \in X : \nu(\varphi, z) \geqslant c\}$$

是复流形 X 中的解析子集.

证明　因为解析性是局部性质, 所以我们只要考虑多次调和函数 φ 在拟凸域 $\Omega\subset\mathbb{C}^n$ 中的情况即可. 根据定理 3.5.2 中的 (2), 有

$$E_c=\bigcap_{m\geqslant m_0}E_{c-\frac{n}{m}}(\varphi_m).$$

$E_c(\varphi_m)$ 是由 $\sigma_l^{(\alpha)}(z)=0$ 定义的解析集, 其中 α 是使 $|\alpha|<mc$ 的多重指标集. 因此, 作为解析集的交, $E_c(\varphi)$ 也是解析集. □

文献 [73] 引入了 Hermite 全纯向量丛的 Griffiths 正性的新判据. 这个判据利用了向量丛全纯截面的 L^p-延拓性质, 可被看作定理 3.5.1 的逆定理.

定义 3.5.1 (多重 L^p-延拓性质, 参考文献 [73])　假设 (E,h) 是有界区域 $D\subset\mathbb{C}^n$ 上的全纯向量丛并且 h 是 E 上的奇异 Finsler 度量, $p>0$ 是一个固定常数. 假设对于任意的点 $z\in D$, 任意的非零元素 $a\in E_z$(具有有限范数 $|a|$) 和任意的 $m\geqslant 1$, 都存在 $E^{\otimes m}$ 在区域 D 上的全纯截面 f_m 使得

$$f_m(z)=a^{\otimes m}$$

并且满足下面的估计

$$\int_D|f_m|^p\leqslant C_m|a^{\otimes m}|^p=C_m|a|^{mp},$$

其中 C_m 是与 z 无关的常数, 并且满足当 $m\to\infty$ 时, $\dfrac{1}{m}\log C_m\to 0$, 那么 (E,h) 就被称为满足多重 L^p-延拓性质的向量丛.

下面的定理表明: 多重 L^p-延拓性质蕴含着向量丛的 Griffiths 正性.

定理 3.5.4　假设 (E,h) 是有界区域 $D\subset\mathbb{C}^n$ 上的全纯向量丛, h 是 E 上的奇异 Finsler 度量, 使得 E^* 的任意局部全纯截面的范数都是上半连续的. 如果对于某个 $p>0$, (E,h) 具有多重 L^p-延拓性质, 那么 (E,h) 就是 Griffiths 正的, 即对于 E^* 的任意全纯截面 u, $\log|u|^2$ 是多次调和函数.

第 4 章　全纯截面的带权逼近

4.1　问 题 背 景

正如第 1 章提到的那样, Taylor 在文献 [22] 中证明了下面的稠密性定理.

定理 4.1.1　令 $\varphi_1 \leqslant \varphi_2 \leqslant \cdots$ 是 $\mathbb{C}^n$ 中的多次调和函数, 令

$$\varphi(z) = \lim_{j\to\infty} \varphi_j(z),$$

并且假设对于任意的紧集 K, 有 $\int_K \exp(-\varphi_1)\mathrm{d}\lambda < \infty$, 那么 $\bigcup\limits_{j=1}^{\infty} A^2(\mathbb{C}^n, \varphi_j(z)+\log(1+|z|^2))$ 在 Hilbert 空间 $L^2(\mathbb{C}^n, \varphi(z)+\log(1+|z|^2))$ 中的闭包包含 $A^2(\mathbb{C}^n, \varphi(z)+\log(1+|z|^2))$. 其中 $A^2(\mathbb{C}^n, \varphi(z)+\log(1+|z|^2))$ 是在权函数 $\varphi(z)+\log(1+|z|^2)$ 下平方可积的全纯函数的集合.

同时, Taylor 还提出了下面的问题.

问题 4.1.1　在定理 4.1.1 中, 是否可以将附加项 $\log(1+|z|^2)$ 去掉?

Fornaess-Wu [23] 改进了定理 1.2.6, 具体如下.

定理 4.1.2 (参考文献 [23])　令 $\varphi_1 \leqslant \varphi_2 \leqslant \varphi_3 \leqslant \cdots$ 是 $\mathbb{C}^n$ 中的多重次调和函数. 设 $\varphi(z) = \lim\limits_{j\to\infty} \varphi_j(z)$, 那么对于任意的 $\epsilon > 0$, $\bigcup\limits_{j=1}^{\infty} A^2(\mathbb{C}^n, \varphi_j(z)+\epsilon\log(1+|z|^2))$ 在 $A^2(\mathbb{C}^n, \varphi(z)+\epsilon\log(1+|z|^2))$ 中稠密.

值得一提的是, Fornaess 和 Wu 在 $\mathbb{C}$ 中解决了 Taylor 的上述问题, 具体如下.

定理 4.1.3 (参考文献 [74])　设 $\varphi_1 \leqslant \varphi_2 \leqslant \cdots$ 是一列定义在 $\mathbb{C}$ 上的次调和函数并且

$$\varphi = \lim_{k\to+\infty} \varphi_k,$$

进一步假设 φ 是局部有上界的, 那么 $\bigcup\limits_{k=1}^{\infty} A^2(\mathbb{C}, \varphi_k)$ 在 $A^2(\mathbb{C}, \varphi)$ 中是稠密的.

4.2　Stein 流形上的带权逼近

令 (X,ω) 是一个 n 维 Stein 流形, 其中 ω 是 Kähler 度量, L 是 X 上的一个全纯线丛, 并且带有一个 (奇异) 度量 h. 令 K_X 是流形 X 上的典则线丛. 如果 α 是 $K_X \otimes L$ 的一个

连续截面, 定义

$$|\alpha|^2_{h,\omega}|_V = \frac{\mathrm{i}^{n^2}\alpha_1 \wedge \overline{\alpha_1}}{\omega^n/n!}\mathrm{e}^{-\varphi},$$

其中 $V \subset X$ 是一个任意的坐标邻域; α_1 是 V 上的一个局部 $(n,0)$ 形式; e 是线丛 L 在 V 上的一个局部标架; $\alpha|_V = \alpha_1 \otimes e$; $\varphi \in L^1_{\mathrm{loc}}$ 是度量 h 关于标架 e 的局部表示. 显然, $|\alpha|^2_{h,\omega}$ 是良好定义的. 我们用 $A^2(X, K_X \otimes L, h)$ 表示满足

$$\|\alpha\|^2 := \int_X |\alpha|^2_{h,\omega}\frac{\omega^n}{n!} < \infty$$

的 $K_X \otimes L$ 的全纯截面的集合.

本书结合 Fornaess 和 Wu 在文献 [23] 中的想法, 以及关启安和周向宇证明最优常数的 L^2 延拓定理 [16] 的想法与技巧, 得到了如下结论.

定理 4.2.1　令 (X,ω) 是 Stein 流形, ω 是 X 上的 Kähler 度量, Ψ 是 X 上有下界的多次调和穷竭函数. 令 L 是 X 上的一个全纯线丛, $\{h_k\}$ 和 h 是 L 上的 (奇异) 度量, 并且

(1) $\sqrt{-1}\Theta_{(L,h_k)} \geqslant 0$ 和 $\sqrt{-1}\Theta_{(L,h)} \geqslant 0$(在 current 意义下);

(2) 对于任意的 $K_X \otimes L$ 的全纯截面 v, $|v|_{h_k,\omega}$ 单调递减收敛到 $|v|_{h,\omega}$,

那么 $\bigcup\limits_{k=1}^{\infty} A^2(X, K_X \otimes L, h_k\mathrm{e}^{-\Psi})$ 在 $A^2(X, K_X \otimes L, h\mathrm{e}^{-\Psi})$ 中稠密.

注记 4.2.1　虽然 $f \in A^2(X, K_X \otimes L, h\mathrm{e}^{-\Psi})$, $|f|^2_{h\mathrm{e}^{-\Psi},\omega}$ 依赖于 ω, 但是 $|f|^2_{h\mathrm{e}^{-\Psi},\omega}\dfrac{\omega^n}{n!}$ 与度量 ω 无关. 所以上面的结论与度量 ω 无关.

定理 4.2.1 包含 Fornaess 和 Wu 在文献 [23] 中得到的主要结果, 并且作为推论, 回答了 Taylor 在超凸流形上提出的稠密性问题.

推论 4.2.1　令 (X,ω) 是一个超凸流形, ω 是 X 上的一个 Kähler 度量. 令 L 是 X 上的一个全纯线丛, $\{h_k\}$ 和 h 是 L 上的 (奇异) 度量, 并且

(1) $\sqrt{-1}\Theta_{(L,h_k)} \geqslant 0$ 和 $\sqrt{-1}\Theta_{(L,h)} \geqslant 0$(在 current 意义下);

(2) 对于任意 $K_X \otimes L$ 的全纯截面 v, $|v|_{h_k,\omega}$ 递减收敛到 $|v|_{h,\omega}$,

那么 $\bigcup\limits_{k=1}^{\infty} A^2(X, K_X \otimes L, h_k)$ 在 $A^2(X, K_X \otimes L, h)$ 中稠密.

定理 4.2.1 的证明分为两部分: 一部分为 $\bar{\partial}$ 方程的估计; 另一部分为正则化和逼近.

因为 Ψ 是 Stein 流形上有下界的多次调和穷竭函数, 所以在加上一个常数以后, 我们不妨假设 Ψ 在 Stein 流形上是严格正的.

1. 带有光滑权函数和光滑多次调和穷竭函数的 $\bar{\partial}$ 方程和 L^2 估计

此部分的目的是证明: 对于 Stein 流形 X 上的全纯 Hermite 线丛 (L,h)(h 是全纯线丛 L 上的光滑度量且满足 $\sqrt{-1}\Theta_{(L,h)}\geqslant 0$) 和任意光滑的多次调和穷竭函数 Ψ, 对于任意的常数 $c>0$ 和任意给定的

$$f\in A^2(X,K_X\otimes L,h\mathrm{e}^{-\Psi}),$$

我们可以找到方程

$$\bar{\partial}u=\bar{\partial}\left(\chi\left(\frac{\log(1+\Psi)}{c}\right)\right)f$$

的解 u_c, 且该解满足如下估计:

$$\int_X|u_c|^2_{h,\omega}\mathrm{e}^{-\Psi}\frac{\omega^n}{n!}\leqslant\frac{12(c+1)}{c^2}\int_{X(\Psi\leqslant \mathrm{e}^{2c}-1)}|f|^2_{h,\omega}\mathrm{e}^{-\Psi}\frac{\omega^n}{n!},$$

其中 χ 是 $\mathbb{R}$ 上的光滑函数, 满足

$$\chi(t)=\begin{cases}1, & t\in(-\infty,1],\\ 0, & t\in[2,\infty),\end{cases}$$

$$|\chi'(t)|\leqslant 2.$$

令

$$D_m=\{z\in X:\Psi(z)<m\},$$

其中 $m>0$ 是一个正实数, 那么对于任意的 $m>0$, D_m 是 Stein 流形并且 $\bigcup\limits_{m>0}D_m=X$. 我们不妨假设 $m>\mathrm{e}^{2c}-1$.

令 $v(x)=\log(x+1)$, 其定义域为 $\mathbb{R}^+$. 令 $\eta=s(v\circ\Psi)$, $\phi=u(v\circ\Psi)$, $\tilde{h}=h\mathrm{e}^{-\phi-\Psi}$, 其中 $s>0$, u 是定义在 $\mathbb{R}^+$ 上的待定的光滑函数, 稍后我们会给出表达式.

对于任意的 $\alpha\in D(D_m,\Lambda^{n,1}T^*_X\otimes L)$, 由引理 3.3.1, 我们有 Twisted Bochner-Kodaira 不等式:

$$\begin{aligned}&\|(\eta+g^{-1})^{\frac{1}{2}}D''^*\alpha\|^2_{D_m,\tilde{h},\omega}+\|\eta^{\frac{1}{2}}D''\alpha\|^2_{D_m,\tilde{h},\omega}\\ \geqslant&\langle\langle[\eta\sqrt{-1}\Theta_{\tilde{h}}-\sqrt{-1}\partial\bar{\partial}\eta-\sqrt{-1}g\partial\eta\wedge\bar{\partial}\eta,\Lambda_\omega]\alpha,\alpha\rangle\rangle_{D_m,\tilde{h},\omega}\\ =&\langle\langle[\eta\sqrt{-1}\partial\bar{\partial}\Psi+\eta\sqrt{-1}\partial\bar{\partial}\phi+\eta\sqrt{-1}\partial\bar{\partial}\varphi-\sqrt{-1}\partial\bar{\partial}\eta-\\ &\sqrt{-1}g\partial\eta\wedge\bar{\partial}\eta,\Lambda_\omega]\alpha,\alpha\rangle\rangle_{D_m,\tilde{h},\omega},\end{aligned}$$

其中 g 是 Stein 流形 X 上的一个待定的光滑函数. 特别地, 对于每一个 $m>0$, g 在 D_m 上是有界函数.

计算如下:

$$\bar{\partial}\eta = s'(v\circ\Psi)\bar{\partial}(v\circ\Psi),$$

$$\partial\bar{\partial}\eta = s'(v\circ\Psi)\partial\bar{\partial}(v\circ\Psi) + s''(v\circ\Psi)\partial(v\circ\Psi)\wedge\bar{\partial}(v\circ\Psi), \tag{4.2.1}$$

那么全纯 Hermite 线丛 (L,h) 的关于 Hermite 度量的曲率算子 B 的表达式为

$$\begin{aligned}
B &= \eta\sqrt{-1}\partial\bar{\partial}\Psi + \eta\sqrt{-1}\partial\bar{\partial}\varphi + \eta\sqrt{-1}\partial\bar{\partial}\phi - \sqrt{-1}\partial\bar{\partial}\eta - g\sqrt{-1}\partial\eta\wedge\bar{\partial}\eta \\
&\geqslant \eta\sqrt{-1}\partial\bar{\partial}\Psi + \eta\sqrt{-1}\partial\bar{\partial}\phi - \sqrt{-1}\partial\bar{\partial}\eta - g\sqrt{-1}\partial\eta\wedge\bar{\partial}\eta \\
&= \eta\sqrt{-1}\partial\bar{\partial}\Psi + \sqrt{-1}s(u''\partial(v\circ\Psi)\wedge\bar{\partial}(v\circ\Psi) + u'\partial\bar{\partial}(v\circ\Psi)) - \\
&\quad \sqrt{-1}(s''\partial(v\circ\Psi)\wedge\bar{\partial}(v\circ\Psi) + s'\partial\bar{\partial}(v\circ\Psi)) - g(s')^2\partial(v\circ\Psi)\wedge\bar{\partial}(v\circ\Psi) \\
&= \eta\sqrt{-1}\partial\bar{\partial}\Psi + (su'' - s'' - g(s')^2)\sqrt{-1}\partial(v\circ\Psi)\wedge\bar{\partial}(v\circ\Psi) + (su'-s')\sqrt{-1}\partial\bar{\partial}(v\circ\Psi).
\end{aligned} \tag{4.2.2}$$

在式 (4.2.2) 中, 如果存在光滑函数 s, u 和 g 使得 $s\geqslant 1$, $g>0$ 并且满足下面的常微分方程组

$$\begin{cases} su'' - s'' - g(s')^2 = 0, \\ su' - s' = -1. \end{cases}$$

注意, 在上面的常微分方程组中, 我们忽略了复合项 $v\circ\Psi$. 根据第一个常微分方程, 光滑函数 g 是正函数的条件等价于 $su''-s''>0$.

于是式 (4.2.2) 可以表达为

$$\begin{aligned}
B &\geqslant \eta\sqrt{-1}\partial\bar{\partial}\Psi - \sqrt{-1}\partial\bar{\partial}(v\circ\Psi) \\
&= \eta\sqrt{-1}\partial\bar{\partial}\Psi - \sqrt{-1}(v''\circ\Psi)\partial\Psi\wedge\bar{\partial}\Psi - \sqrt{-1}(v'\circ\Psi)\partial\bar{\partial}\Psi \\
&\geqslant \frac{1}{(\Psi+1)^2}\sqrt{-1}\partial\Psi\wedge\bar{\partial}\Psi.
\end{aligned}$$

因为

$$v'(x) = \frac{1}{x+1},\ v''(x) = -\frac{1}{(x+1)^2},\ s(x)\geqslant 1,$$

那么上式可以进一步简化为

$$\begin{aligned}\langle B\alpha,\alpha\rangle_{D_m,\tilde{h},\omega} =&\langle[\eta\sqrt{-1}\Theta_{\tilde{h}}-\sqrt{-1}\partial\bar{\partial}\eta-\sqrt{-1}g\partial\eta\wedge\bar{\partial}\eta,\Lambda_\omega]\alpha,\alpha\rangle_{D_m,\tilde{h},\omega}\\ \geqslant&\frac{1}{(1+\Psi)^2}\langle[\sqrt{-1}\partial\Psi\wedge\bar{\partial}\Psi,\Lambda_\omega]\alpha,\alpha\rangle_{D_m,\tilde{h},\omega}\\ =&\frac{1}{(1+\Psi)^2}\langle\bar{\partial}\Psi\wedge(\alpha\llcorner(\bar{\partial}\Psi)^\sharp),\alpha\rangle_{D_m,\tilde{h},\omega}.\end{aligned}$$

对于任意的 $\gamma\in C^\infty(D_m,K_X\otimes L)$, 我们有

$$\begin{aligned}|\langle\bar{\partial}\Psi\wedge\gamma,\alpha\rangle_{D_m,\tilde{h},\omega}|^2 =&|\langle\gamma,\alpha\llcorner(\bar{\partial}\Psi)^\sharp\rangle_{D_m,\tilde{h},\omega}|^2\\ \leqslant&|\gamma|^2_{D_m,\tilde{h},\omega}\langle\alpha\llcorner(\bar{\partial}\Psi)^\sharp,\alpha\llcorner(\bar{\partial}\Psi)^\sharp\rangle_{D_m,\tilde{h},\omega}\\ =&|\gamma|^2_{D_m,\tilde{h},\omega}\langle\bar{\partial}\Psi\wedge\alpha\llcorner(\bar{\partial}\Psi)^\sharp,\alpha\rangle_{D_m,\tilde{h},\omega}\\ \leqslant&|\gamma|^2_{D_m,\tilde{h},\omega}(1+\Psi)^2\langle B\alpha,\alpha\rangle_{D_m,\tilde{h},\omega}.\end{aligned}\tag{4.2.3}$$

在不等式 (4.2.3) 中, 如果我们令 $\gamma=f$, $\alpha=B^{-1}(\bar{\partial}\Psi\wedge f)$, 那么,

$$\begin{aligned}&|\langle\bar{\partial}\Psi\wedge f,B^{-1}(\bar{\partial}\Psi\wedge f)\rangle_{D_m,\tilde{h},\omega}|^2\\ \leqslant&(\Psi+1)^2|f|^2_{D_m,\tilde{h},\omega}\langle\bar{\partial}\Psi\wedge f,B^{-1}(\bar{\partial}\Psi\wedge f)\rangle_{D_m,\tilde{h},\omega},\end{aligned}$$

即

$$\langle B^{-1}(\bar{\partial}\Psi\wedge f),\bar{\partial}\Psi\wedge f\rangle_{D_m,\tilde{h},\omega}\leqslant(\Psi+1)^2|f|^2_{D_m,\tilde{h},\omega}.$$

所以,

$$\begin{aligned}&\langle B^{-1}\left(\chi'(\cdot)\frac{1}{c}\frac{1}{\Psi+1}\bar{\partial}\Psi\wedge f\right),\ \chi'(\cdot)\frac{1}{c}\frac{1}{\Psi+1}\bar{\partial}\Psi\wedge f\rangle_{D_m,\tilde{h},\omega}\\ \leqslant&\frac{1}{c^2}|\chi'|^2\frac{1}{(1+\Psi)^2}(1+\Psi)^2|f|_{D_m,\tilde{h},\omega}\\ \leqslant&\frac{1}{c^2}|\chi'|^2|f|_{D_m,\tilde{h},\omega}.\end{aligned}$$

根据引理 3.3.3, 方程

$$\bar{\partial}u=\bar{\partial}\left(\chi\left(\frac{\log(1+\Psi)}{c}\right)\right)f$$

在 D_m 上有一个解 $u_{m,c}$ 并且该解满足估计

$$\int_{D_m}|u_{m,c}|^2_{\tilde{h},\omega}\mathrm{e}^{-\phi-\Psi}(\eta+g^{-1})^{-1}\frac{\omega^n}{n!}\leqslant\frac{1}{c^2}\int_{D_m}|\chi'|^2|f|^2_{\tilde{h},\omega}\mathrm{e}^{-\phi-\Psi}\frac{\omega^n}{n!}$$

$$\leqslant \frac{4}{c^2}\int_{X(\mathrm{e}^c-1\leqslant\Psi\leqslant\mathrm{e}^{2c}-1)}|f|^2_{h,\omega}\mathrm{e}^{-\phi-\Psi}\frac{\omega^n}{n!},$$

上面估计中的最后一个不等号成立是因为 $m>\mathrm{e}^{2c}-1$.

现在我们求解在 Stein 流形 X 上满足下列条件的光滑函数 s, u 还有 g:

$$\begin{cases} s\geqslant 1,\ g>0,\ su''-s''>0, \\ su''-s''-g(s')^2=0, & (4.2.4\mathrm{a}) \\ su'-s'=-1, & (4.2.4\mathrm{b}) \\ (\eta+g^{-1})^{-1}\mathrm{e}^{-\phi}=1. & (4.2.4\mathrm{c}) \end{cases}$$

令 $t=v\circ\Psi\in(0,\infty)$, 根据常微分方程组中的式 (4.2.4b), 我们有

$$s'u'-su''=s'',$$

根据式 (4.2.4a) 和式 (4.2.4c), 有

$$(s+\frac{1}{g})\mathrm{e}^u=1,$$

即

$$(s+\frac{(s')^2}{su''-s''})\mathrm{e}^u=1,$$

也就是

$$(s-\frac{s'}{u'})\mathrm{e}^u=1.$$

根据式 (4.2.4b), 有

$$\frac{su'-s'}{u'}\mathrm{e}^u=-\frac{1}{u'}\mathrm{e}^u=1,$$

所以

$$\mathrm{e}^{-u}=t+a.$$

注意, 式 (4.2.4b) 等价于

$$\frac{\mathrm{d}(\mathrm{e}^{-u}s)}{\mathrm{d}t}=s'\mathrm{e}^{-u}-u's\mathrm{e}^{-u}=\mathrm{e}^{-u}=t+a.$$

于是,

$$s=\frac{\frac{1}{2}t^2+at+b}{t+a}.$$

现在求解满足上述常微分方程组的常数 a 和 b. 我们从 $\mathrm{e}^{-u}=t+a$ 可以得到 $a>0$. 条件 $g>0$ 等价于 $su''-s''>0$, 根据式 (4.2.4b), $su''-s''>0$ 等价于 $-s'u'>0$. 因为 $u'<0$, 所以我们要求 $s'>0$. 又因为

$$s=\frac{1}{2}(t+a)+(b-\frac{1}{2}a^2)\frac{1}{t+a},$$

所以只需要求

$$b-\frac{1}{2}a^2>0,$$

$$a>\sqrt{2b-a^2}.$$

因此, 令 $a=3$, $b=6$ 即可满足我们之前要求的条件. 从 s 和 g 的表达式可以看到, s 和 g 在 $\mathbb{R}^+$ 上都是光滑函数, 从而 s 和 g 在 D_m 上都是有界函数.

现在让我们回到 $\bar{\partial}$ 方程:

$$\bar{\partial}u=\bar{\partial}\left(\chi\left(\frac{\log(1+\Psi)}{c}\right)\right)f. \tag{4.2.5}$$

通过上面的讨论, 对于任意全纯线从 L 上的光滑度量 h, 任意给定的常数 $c>0$, 任意给定的

$$f\in A^2(X,K_X\otimes L,h\mathrm{e}^{-\Psi})$$

和任意的 $m>\mathrm{e}^{2c}-1$, 在 D_m 上都存在方程 (4.2.5) 的解 $u_{m,c}\in L^2(D_m,K_X\otimes L,he^{-\Psi})$, 并且该解满足如下估计:

$$\begin{aligned}\int_{D_m}|u_{m,c}|^2_{h,\omega}\mathrm{e}^{-\Psi}\frac{\omega^n}{n!}&\leqslant\frac{4}{c^2}\int_{X(\mathrm{e}^c-1\leqslant\Psi\leqslant\mathrm{e}^{2c}-1)}|f|^2_{h,\omega}\mathrm{e}^{-\phi-\Psi}\frac{\omega^n}{n!}\\&=\frac{4}{c^2}\int_{X(\mathrm{e}^c-1\leqslant\Psi\leqslant\mathrm{e}^{2c}-1)}|f|^2_{h,\omega}\mathrm{e}^{-\Psi}(\log(\Psi+1)+3)\frac{\omega^n}{n!}\\&\leqslant\frac{12(c+1)}{c^2}\int_{X(\Psi\leqslant\mathrm{e}^{2c}-1)}|f|^2_{h,\omega}\mathrm{e}^{-\Psi}\frac{\omega^n}{n!}.\end{aligned}\tag{4.2.6}$$

上面估计式中的最后一个不等号成立是因为 $\mathrm{e}^{-\phi}=\mathrm{e}^{-u(v\circ\Psi)}=\log(\Psi+1)+3$.

应用对角线原理, 我们可以找到 $\{u_{m,c}\}$ 的一个子列和 u_c (为了简单起见, 我们仍然将其表示为 $\{u_{m,c}\}$), 使得 $\{u_{m,c}\}$ 在 $L^2_{\mathrm{loc}}(X)$ 意义下弱收敛到 u_c, 并且满足之前的 $\bar{\partial}$ 方程:

$$\bar{\partial}u_c = \bar{\partial}\left(\chi\left(\frac{\log(1+\Psi)}{c}\right)\right)f.$$

同时, 根据弱收敛定义和 Fatou 引理, 我们有

$$\begin{aligned}\int_X |u_c|^2_{h,\omega}\mathrm{e}^{-\Psi}\frac{\omega^n}{n!} &\leqslant \liminf_{m\to\infty}\int_X |\mathbb{I}_{D_m}u_{m,c}|^2_{h,\omega}\mathrm{e}^{-\Psi}\frac{\omega^n}{n!} \\ &\leqslant \frac{12(c+1)}{c^2}\int_{X(\Psi\leqslant \mathrm{e}^{2c}-1)}|f|^2_{h,\omega}\mathrm{e}^{-\Psi}\frac{\omega^n}{n!}.\end{aligned} \tag{4.2.7}$$

2. 正则化与逼近

现在我们考虑全纯线丛 L 上的奇异 Hermite 度量族 $\{h_k\}_{k\geqslant 1}$, h 和 Stein 流形 X 上一般的有下界的多次调和穷竭函数 Ψ. 正如之前假设的那样, 我们假设在 X 上 $\Psi>0$. 接下来我们主要处理正则化和逼近.

选取全纯线丛 L 上的一个局部平凡化, 任选一个局部全纯标架, 这样度量 $\{h_k\}_{k\geqslant 1}$ 可以局部写作 $h=\mathrm{e}^{-\varphi}$ 和 $h_k=\mathrm{e}^{-\varphi_k}$. 根据之前的假设 $\sqrt{-1}\Theta_{(L,h_k)}\geqslant 0$ 和 $\sqrt{-1}\Theta_{(L,h)}\geqslant 0$, 我们不妨假设对于任意的 $k=1,2,\cdots$, φ_k 和 φ 都是多次调和的.

引入记号

$$X(\Psi\leqslant m):=\{z\in X,\Psi(z)\leqslant m\}.$$

类似地, 我们还可以引入记号 $X(\Psi\geqslant m)$, $X(\Psi<m)$ 等.

对于流形 X 上任意给定的关于 $h\mathrm{e}^{-\Psi}$ 平方可积的 L 值 $(n,0)$ 形式 $f\in A^2(X,K_X\otimes L,h\mathrm{e}^{-\Psi})$ 和任意给定的常数 $c>0$, 对于流形 X 上的任意紧子集 $\overline{X(\Psi\leqslant \mathrm{e}^{2c}-1)}\subset X$, 因为

$$\int_X |f|^2_{h,\omega}\mathrm{e}^{-\Psi}\frac{\omega^n}{n!}<\infty,$$

所以对于任意的 $x\in\overline{X(\Psi\leqslant \mathrm{e}^{2c}-1)}$, 都存在 x 的一个充分小的邻域 U 使得

$$\int_U |f|^2\mathrm{e}^{-\varphi-\Psi}<\infty.$$

根据乘子理想层的强开性性质 (定理 3.4.3) 可知, 通过适当缩小邻域, 我们可以找到 x 的一个邻域 $U_x\subset U$ 和 $j_x\in\mathbb{N}$ 使得对于任意的正整数 $j(j\geqslant j_x)$, 有

$$\int_{U_x}|f|^2\mathrm{e}^{-\varphi_j-\Psi}<\infty.$$

但是又因为

$$\overline{X(\Psi\leqslant \mathrm{e}^{2c}-1)}\subset \bigcup_{x\in\overline{X(\Psi\leqslant \mathrm{e}^{2c}-1)}} U_x,$$

$\overline{X(\Psi\leqslant \mathrm{e}^{2c}-1)}$ 是紧集, 并且度量 $\{h_k\}_{k\geqslant 1}$ 具有递减性质, 所以存在 $N_c\in\mathbb{N}$ 使得对于任意的正整数 $j(j\geqslant N_c)$, 有

$$\int_{X(\Psi\leqslant \mathrm{e}^{2c}-1)}|f|^2_{h_j,\omega}\mathrm{e}^{-\Psi}\frac{\omega^n}{n!}<\infty.$$

因为对于任意满足 $j\geqslant N_c$ 的正整数 j, 有 $|f|^2_{h_j,\omega}\leqslant |f|^2_{h_{N_c},\omega}$, 所以在集合 $X(\Psi\leqslant \mathrm{e}^{2c}-1)$ 中, 我们有

$$\int_{X(\Psi\leqslant \mathrm{e}^{2c}-1)}|f|^2_{h_j,\omega}\mathrm{e}^{-\Psi}\frac{\omega^n}{n!}\leqslant\int_{X(\Psi\leqslant \mathrm{e}^{2c}-1)}|f|^2_{h_{N_c},\omega}\mathrm{e}^{-\Psi}\frac{\omega^n}{n!}<\infty.$$

故函数 $|f|^2_{h_{N_c},\omega}\mathrm{e}^{-\Psi}$ 可以被视为序列 $\{|f|^2_{h_j,\omega}\mathrm{e}^{-\Psi}\}_{j\geqslant N_c}$ 在集合 $X(\Psi\leqslant \mathrm{e}^{2c}-1)$ 中的控制函数. 因此应用控制收敛定理, 我们有

$$\lim_{j\to\infty}\int_{X(\Psi\leqslant \mathrm{e}^{2c}-1)}|f|^2_{h_j,\omega}\mathrm{e}^{-\Psi}\frac{\omega^n}{n!}=\int_{X(\Psi\leqslant \mathrm{e}^{2c}-1)}|f|^2_{h,\omega}\mathrm{e}^{-\Psi}\frac{\omega^n}{n!}.$$

于是存在正整数 $\tilde{N}_c\in\mathbb{N}$ 使得对于任意的正整数 $j_c(j_c\geqslant\max\{N_c,\tilde{N}_c\})$, 有

$$\begin{aligned}\int_{X(\Psi\leqslant \mathrm{e}^{2c}-1)}|f|^2_{h_{j_c},\omega}\mathrm{e}^{-\Psi}\frac{\omega^n}{n!}&\leqslant 2\int_{X(\Psi\leqslant \mathrm{e}^{2c}-1)}|f|^2_{h,\omega}\mathrm{e}^{-\Psi}\frac{\omega^n}{n!}\\&\leqslant 2\int_X|f|^2_{h,\omega}\mathrm{e}^{-\Psi}\frac{\omega^n}{n!}.\end{aligned}\tag{4.2.8}$$

因为流形 X 是 Stein 流形, 所以根据引理 3.4.4, 我们可以在全纯线丛 L 上找到一列光滑的 Hermite 度量 $\{h_{j_c,k}\}_{k\geqslant 1}$, 该度量满足 $\mathrm{i}\Theta_{(L,h_{j_c,k})}\geqslant 0$, 使得对于任意的 $K_X\otimes L$ 上的局部全纯截面 v, 有 $|v|_{h_{k+1},\omega}\geqslant|v|_{h_k,\omega}$ 和 $\lim\limits_{k\to\infty}|v|_{h_k,\omega}=|v|_{h,\omega}$.

根据上面的讨论, 对于任意给定的常数 $c>0$, 令 $u_{c,j_c,k}$ 是方程

$$\bar\partial u=\bar\partial\left(\chi\left(\frac{\log(1+\Psi_k)}{c}\right)\right)f\tag{4.2.9}$$

关于度量 $h_{j_c,k}$ 的解, 并且该解满足如下估计:

$$\int_X|u_{c,j_c,k}|^2_{h_{j_c,k,\omega}}\mathrm{e}^{-\Psi_k}\frac{\omega^n}{n!}\leqslant\frac{12(c+1)}{c^2}\int_{X(\Psi_k\leqslant \mathrm{e}^{2c}-1)}|f|^2_{h_{j_c,k,\omega}}\mathrm{e}^{-\Psi_k}\frac{\omega^n}{n!}$$

$$\leqslant \frac{12(c+1)}{c^2}\int_{X(\Psi\leqslant \mathrm{e}^{2c}-1)}|f|^2_{h_{j_c,k,\omega}}\mathrm{e}^{-\Psi}\frac{\omega^n}{n!}<\infty. \tag{4.2.10}$$

上述估计式中最后一个不等式成立是因为序列 $\{\Psi_k\}_{k\geqslant 1}$ 的单调性.

令

$$F_{c,j_c,k}=\chi\left(\frac{\log(1+\Psi_k)}{c}\right)f-u_{c,j_c,k}. \tag{4.2.11}$$

因为

$$\int_X|\chi\left(\frac{\log(1+\Psi_k)}{c}\right)f|^2_{h_{j_c,k,\omega}}\mathrm{e}^{-\Psi_k}\frac{\omega^n}{n!}\leqslant\int_{X(\Psi_k\leqslant \mathrm{e}^{2c}-1)}|f|^2_{h_{j_c,k,\omega}}\mathrm{e}^{-\Psi_k}\frac{\omega^n}{n!}$$
$$\leqslant\int_{X(\Psi\leqslant \mathrm{e}^{2c}-1)}|f|^2_{h_{j_c,\omega}}\mathrm{e}^{-\Psi}\frac{\omega^n}{n!}<\infty.$$

根据 $u_{c,j_c,k}$ 的构造, 我们知道 $u_{c,j_c,k}$ 关于度量 $h_{j_c,k}\mathrm{e}^{-\Psi_k}$ 是平方可积的, 从而可知 $F_{c,j_c,k}$ 是一个全纯的 L 值 $(n,0)$ 形式, 并且关于度量 $h_{j_c,k}\mathrm{e}^{-\Psi_k}$ 也是平方可积的.

根据式 (4.2.11), 式 (4.2.10) 可以重新写成

$$\begin{aligned}&\int_X|F_{c,j_c,k}-\chi\left(\frac{\log(1+\Psi_k)}{c}\right)f|^2_{h_{j_c,k,\omega}}\mathrm{e}^{-\Psi_k}\frac{\omega^n}{n!}\\ \leqslant&\frac{12(c+1)}{c^2}\int_{X(\Psi\leqslant \mathrm{e}^{2c}-1)}|f|^2_{h_{j_c,k,\omega}}\mathrm{e}^{-\Psi}\frac{\omega^n}{n!}\\ \leqslant&\frac{12(c+1)}{c^2}\int_{X(\Psi\leqslant \mathrm{e}^{2c}-1)}|f|^2_{h_{j_c,\omega}}\mathrm{e}^{-\Psi}\frac{\omega^n}{n!}.\end{aligned} \tag{4.2.12}$$

上述估计式中的第二个不等号成立是因为度量序列 $\{h_{j_c,k}\}_{k\geqslant 1}$ 的单调性.

注意, 对于流形 X 中的任意紧集 $K\subset X$, 我们有

$$\begin{aligned}\int_K|F_{c,j_c,k}|^2_{h_{j_c,k,\omega}}\mathrm{e}^{-\Psi_k}\frac{\omega^n}{n!}\leqslant&2\int_X|F_{c,j_c,k}-\chi\left(\frac{\log(1+\Psi_k)}{c}\right)f|^2_{h_{j_c,k,\omega}}\mathrm{e}^{-\Psi_k}\frac{\omega^n}{n!}+\\ &2\int_X|\chi\left(\frac{\log(1+\Psi_k)}{c}\right)f|^2_{h_{j_c,k,\omega}}\mathrm{e}^{-\Psi_k}\frac{\omega^n}{n!}\\ \leqslant&\frac{24(c+1)}{c^2}\int_{D(\Psi\leqslant \mathrm{e}^{2c}-1)}|f|^2_{h_{j_c},\omega}\mathrm{e}^{-\Psi}\frac{\omega^n}{n!}+\\ &2\int_{D(\Psi\leqslant \mathrm{e}^{2c}-1)}|f|^2_{h_{j_c},\omega}\mathrm{e}^{-\Psi}\frac{\omega^n}{n!},\end{aligned} \tag{4.2.13}$$

注意, 在紧集 K 上, 由于度量序列 $\{\Psi_k\}_{k\geqslant 1}$ 具有单调性, $\mathrm{e}^{-\Psi_k}$ 有一个与 k 无关的正下界, 所以根据式 (4.2.13) 和引理 3.3.6, 我们可以找到 $\{F_{c,j_c,k}\}_{k\geqslant 1}$ 的一个子列 (为了简单起见, 我们仍然用 $\{F_{c,j_c,k}\}_{k\geqslant 1}$ 表示) 在流形 X 的任意紧集上一致收敛到一个全纯的 L 值 $(n,0)$ 形式 F_{c,j_c}.

根据式 (4.2.12) 和 Fatou 引理, 我们有

$$\begin{aligned}&\int_X \left|F_{c,j_c}-\chi\left(\frac{\log(1+\Psi)}{c}\right)f\right|^2_{h_{j_c},\omega}\mathrm{e}^{-\Psi}\frac{\omega^n}{n!}\\ \leqslant&\liminf_{k\to\infty}\int_X \left|F_{c,j_c,k}-\chi\left(\frac{\log(1+\Psi_k)}{c}\right)f\right|^2_{h_{j_c,k},\omega}\mathrm{e}^{-\Psi_k}\frac{\omega^n}{n!}\\ \leqslant&\frac{12(c+1)}{c^2}\int_{X(\Psi\leqslant \mathrm{e}^{2c}-1)}|f|^2_{h_{j_c},\omega}\mathrm{e}^{-\Psi}\frac{\omega^n}{n!}.\end{aligned}\tag{4.2.14}$$

特别地, 因为 $\chi\left(\dfrac{\log(1+\Psi)}{c}\right)f$ 关于度量 $h_{j_c}\mathrm{e}^{-\Psi}$ 平方可积, 所以式 (4.2.14) 说明 F_{c,j_c} 是一个全纯的 L 值 $(n,0)$ 形式并且关于度量 $h_{j_c}\mathrm{e}^{-\Psi}$ 是平方可积的.

现在我们可以看到, $\{F_{c,j_c}\}_c$ 就是我们所需要的逼近序列. 事实上, 根据式 (4.2.14) 和式 (4.2.8), 当 $c\to\infty$ 的时候, 我们有

$$\begin{aligned}&\int_X |F_{c,k_c}-f|^2_{h,\omega}\mathrm{e}^{-\Psi}\frac{\omega^n}{n!}\\ \leqslant&2\int_X \left|F_{c,k_c}-\chi\left(\frac{\log(1+\Psi)}{c}\right)f\right|^2_{h_{j_c},\omega}\mathrm{e}^{-\Psi}\frac{\omega^n}{n!}+2\int_X\left|\chi\left(\frac{\log(1+\Psi)}{c}\right)f-f\right|^2_{h,\omega}\mathrm{e}^{-\Psi}\frac{\omega^n}{n!}\\ \leqslant&\frac{24(c+1)}{c^2}\int_{X(\Psi\leqslant \mathrm{e}^{2c}-1)}|f|^2_{h_{j_c},\omega}\mathrm{e}^{-\Psi}\frac{\omega^n}{n!}+\int_{X(\Psi>\mathrm{e}^{c}-1)}|f|^2_{h,\omega}\mathrm{e}^{-\Psi}\frac{\omega^n}{n!}\\ \leqslant&\frac{48(c+1)}{c^2}\int_X|f|^2_{h,\omega}\mathrm{e}^{-\Psi}\frac{\omega^n}{n!}+\int_{X(\Psi>\mathrm{e}^{c}-1)}|f|^2_{h,\omega}\mathrm{e}^{-\Psi}\frac{\omega^n}{n!}\\ \to&0.\end{aligned}$$

若取 $D=\mathbb{C}^n$, $L=\mathbb{C}$ 是 $\mathbb{C}^n$ 上的平凡丛, $h_j=\mathrm{e}^{-\varphi_j}$ 并且对于任意的 $\epsilon>0$, 取 $\Psi=\epsilon\log(1+|z|^2)$, 我们可得到文献 [23] 中的主要结果, 具体如下.

定理 4.2.2 令 $\varphi_1\leqslant\varphi_2\leqslant\varphi_3\leqslant\cdots$ 是 $\mathbb{C}^n$ 上的多次调和函数. 令 $\varphi(z)=\lim\limits_{j\to\infty}\varphi_j(z)$, 那么对于任意的 $\epsilon>0$, $\bigcup\limits_{j=1}^{\infty}A^2(\mathbb{C}^n,\varphi_j(z)+\epsilon\log(1+|z|^2))$ 在 $A^2(\mathbb{C}^n,\varphi(z)+\epsilon\log(1+|z|^2))$

中稠密.

证明　文献 [23] 在证明上述定理的过程中, 实际上要求 $\varphi_1 \leqslant \varphi_2 \leqslant \varphi_3 \leqslant \cdots$ 是 $\mathbb{C}^n$ 上的局部有上界的多次调和函数. 将 φ 的上半连续化记作 φ^*, 因为假设 $\{\varphi_k\}$ 是局部有上界的多次调和函数, 所以 φ^* 也是多次调和函数, 并且与 φ 不相等的集合是一个零测集. 于是, 如果 $f \in A^2(\mathbb{C}^n, \varphi + \varPsi)$, f 也在集合 $A^2(\mathbb{C}^n, \varphi^* + \varPsi)$ 之中, 那么在定理 4.2.1 中, 令 h 为 $\mathrm{e}^{-\varphi^*}$, $h_k = \varphi_k$ 即有上述结论. □

4.3　超凸流形上的带权逼近

在超凸流形的情况下, 我们能去掉附加的权函数 $\varPsi$.

推论 4.3.1　令 (X, ω) 为超凸流形, ω 是 X 上的 Kähler 度量. 令 L 是 X 上的全纯线丛, $\{h_k\}$ 和 h 是 L 上的 (奇异) 度量, 并且

(1) $\sqrt{-1}\Theta_{(L,h_k)} \geqslant 0$, $\sqrt{-1}\Theta_{(L,h)} \geqslant 0$(在 current 意义下);

(2) 对于任何 $K_X \otimes L$ 的全纯截面 v, $|v|_{h_k,\omega}$ 递减收敛到 $|v|_{h,\omega}$,

那么 $\bigcup\limits_{k=1}^{\infty} A^2(X, K_X \otimes L, h_k)$ 在 $A^2(X, K_X \otimes L, h)$ 中稠密.

证明　推论的证明和定理 4.2.1 是类似的, 主要的区别就是我们使用了超凸流形上的具有自有界梯度的多次调和穷竭函数. 我们只需要处理主定理中解 $\bar{\partial}$ 方程的部分. 我们首先假设 h 是全纯线丛 L 上的任意光滑 Hermite 度量.

令 $\varPsi$ 是 X 上无界的光滑多次调和函数. 假设 $\varPsi \geqslant 0$ 并且满足 $\mathrm{i}\partial\bar{\partial}\varPsi \geqslant 3\mathrm{i}\partial\varPsi \wedge \bar{\partial}\varPsi$. 令 $\varPsi = -\dfrac{1}{3}\log\left(-\dfrac{\rho}{K}\right)$, 可得到这样的 $\varPsi$, 其中 ρ 是 X 上的一个负多次调和穷竭函数, 满足 $\min\limits_X \rho = -K$ 并且 $\sup\limits_X \rho = 0$.

令 $v(x) = 1 - \dfrac{1}{x+1}$, 那么在 $\mathbb{R}^+$ 上 $v \in [0, 1)$. 令 $\eta = s(v \circ \varPsi)$, $\phi = u(v \circ \varPsi)$, $\tilde{h} = h\mathrm{e}^{-\phi}$, 其中 s 是 $\mathbb{R}$ 上正的光滑函数, u 是 $\mathbb{R}$ 上的光滑函数. 令 g 是 $\mathbb{R}$ 上正的光滑函数. 进一步, 我们要求 $\eta(v \circ \varPsi)$, $g(v \circ \varPsi)$ 是有界的并且满足

$$\begin{cases} su'' - s'' - g(s')^2 = 0, \\ su' - s' = 1. \end{cases} \tag{4.3.1}$$

对于任意的 $\alpha \in \mathcal{D}^{0,1}(X)$, 因为我们假设 $\eta(v \circ \varPsi)$, $g(v \circ \varPsi)$ 是有界的、正的并且满足式 (4.3.1), 所以由 twisted Bochner-Kodaira 不等式, 有

$$\begin{aligned}
&\|(\eta+g^{-1})^{\frac{1}{2}}D''^{*}\alpha\|^2_{X,\tilde{h},\omega}+\|\eta^{\frac{1}{2}}D''\alpha\|^2_{X,\tilde{h},\omega}\\
\geqslant&\langle\langle[\eta\sqrt{-1}\Theta_{\tilde{h}}-\sqrt{-1}\partial\bar{\partial}\eta-\sqrt{-1}g\partial\eta\wedge\bar{\partial}\eta,\Lambda_\omega]\alpha,\alpha\rangle\rangle_{X,\tilde{h},\omega}\\
\geqslant&\langle\langle[\sqrt{-1}\partial\bar{\partial}(v\circ\Psi),\Lambda_\omega]\alpha,\alpha\rangle\rangle_{X,\tilde{h},\omega}\\
=&\langle\langle[\sqrt{-1}(v''\circ\Psi)\partial\Psi\wedge\bar{\partial}\Psi+\sqrt{-1}(v'\circ\Psi)\partial\bar{\partial}\Psi,\Lambda_\omega]\alpha,\alpha\rangle\rangle_{X,\tilde{h},\omega}\\
\geqslant&\langle\langle[\sqrt{-1}(v''\circ\Psi+3v'\circ\Psi)\partial\Psi\wedge\bar{\partial}\Psi,\Lambda_\omega]\alpha,\alpha\rangle\rangle_{X,\tilde{h},\omega}\\
=&\langle\langle[\left(\frac{-2}{(\Psi+1)^3}+\frac{3}{(\Psi+1)^2}\right)\sqrt{-1}\partial\Psi\wedge\bar{\partial}\Psi,\Lambda_\omega]\alpha,\alpha\rangle\rangle_{X,\tilde{h},\omega}\\
=&\langle\langle\frac{1}{(\Psi+1)^2}\left(\frac{-2}{\Psi+1}+3\right)\sqrt{-1}\partial\Psi\wedge\bar{\partial}\Psi,\Lambda_\omega]\alpha,\alpha\rangle\rangle_{X,\tilde{h},\omega}\\
\geqslant&\langle\langle\frac{1}{(\Psi+1)^2}\sqrt{-1}\partial\Psi\wedge\bar{\partial}\Psi,\Lambda_\omega]\alpha,\alpha\rangle\rangle_{X,\tilde{h},\omega}.
\end{aligned}$$

这里我们忽略了 η, g 等的复合项 $v\circ\Psi$. 第四个不等号成立是因为 Ψ 具有自有界梯度, 最后一个不等号成立是因为 $\Psi>0$. 所以我们可以估计曲率算子 B:

$$\begin{aligned}
\langle B\alpha,\alpha\rangle_{\tilde{h},\omega}=&\langle[\eta\sqrt{-1}\Theta_{\tilde{h}}-\sqrt{-1}\partial\bar{\partial}\eta-\sqrt{-1}g\partial\eta\wedge\bar{\partial}\eta,\Lambda_\omega]\alpha,\alpha\rangle_{\tilde{h},\omega}\\
\geqslant&\frac{1}{(1+\Psi)^2}\langle[\sqrt{-1}\partial\Psi\wedge\bar{\partial}\Psi,\Lambda_\omega]\alpha,\alpha\rangle_{\tilde{h},\omega}\\
=&\frac{1}{(1+\Psi)^2}\langle\bar{\partial}\Psi\wedge(\alpha\llcorner(\bar{\partial}\Psi)^\sharp),\alpha\rangle_{\tilde{h},\omega}.
\end{aligned}$$

像定理 4.2.1 中的处理过程那样, 我们有

$$|\langle\bar{\partial}\Psi\wedge\gamma,\alpha\rangle_{\tilde{h},\omega}|^2=|\langle\gamma,\alpha\llcorner(\bar{\partial}\Psi)^\sharp\rangle_{\tilde{h},\omega}|^2\leqslant|\gamma|^2_{\tilde{h},\omega}(1+\Psi)^2\langle B\alpha,\alpha\rangle_{\tilde{h},\omega}. \tag{4.3.2}$$

对于任意给定的 $f\in A^2(X,K_X\otimes L,h)$ 和 $c>0$, 我们要解如下方程:

$$\bar{\partial}u=\bar{\partial}\left(\chi\left(\frac{\log(1+\Psi)}{c}\right)f\right)=\chi'(\cdot)\frac{1}{c}\frac{1}{\Psi+1}\bar{\partial}\Psi\wedge f, \tag{4.3.3}$$

其中 χ 是 $\mathbb{R}$ 上的光滑函数, 满足 $\chi(t)=1(t\in(-\infty,1])$, $\chi(t)=0(t\in[2,\infty))$ 和 $|\chi'(t)|\leqslant 2$.

令 $\gamma=f$, $\alpha=B^{-1}(\bar{\partial}\Psi\wedge f)$, 由不等式 (4.3.2) 可知

$$\langle B^{-1}(\bar{\partial}\Psi\wedge f),\bar{\partial}\Psi\wedge f\rangle_{\tilde{h},\omega}\leqslant(\Psi+1)^2|f|^2_{\tilde{h},\omega},$$

所以

$$\langle B^{-1}\left(\chi'(\cdot)\frac{1}{c}\frac{1}{\Psi+1}\bar{\partial}\Psi\wedge f\right),\chi'(\cdot)\frac{1}{c}\frac{1}{\Psi+1}\bar{\partial}\Psi\wedge f\rangle_{\tilde{h},\omega}\leqslant\frac{1}{c^2}|\chi'|^2|f|_{\tilde{h},\omega}.$$

于是, 上面的 $\bar{\partial}$ 方程的解为 u_c 且该解满足

$$\begin{aligned}\int_X|u_c|^2_{h,\omega}\mathrm{e}^{-\phi}(\eta+g^{-1})^{-1}\frac{\omega^n}{n!}&\leqslant\frac{1}{c^2}\int_X|\chi'|^2|f|^2_{h,\omega}\mathrm{e}^{-\phi}\frac{\omega^n}{n!}\\&\leqslant\frac{4}{c^2}\int_{X(\mathrm{e}^c-1\leqslant\Psi\leqslant\mathrm{e}^{2c}-1)}|f|^2_{h,\omega}\mathrm{e}^{-\phi}\frac{\omega^n}{n!}.\end{aligned}$$

如果令

$$(\eta+g^{-1})^{-1}\mathrm{e}^{-\phi}=1,$$

那么我们可以求解上式与式 (4.3.1) 组成的常微分方程组:

$$\begin{cases}\mathrm{e}^{-u}=-t+a,\\ s=\dfrac{\frac{1}{2}t^2-at+b}{-t+a},\end{cases}$$

其中 $t=v\circ\Psi$. 现在我们只需确定满足条件的 a 和 b. 因为 $\mathrm{e}^{-u}=-t+a$, 所以 $a>1$. 条件 $g>0$ 等价于 $su''-s''>0$, 因为式 (4.3.1), 从而 $g>0$ 等价于 $-s'u'>0$. 由于 $u'>0$, 所以只需要求 $s'<0$. 因为

$$s=\frac{1}{2}(-t+a)+(b-\frac{1}{2}a^2)\frac{1}{-t+a},\quad t\in[0,1),$$

所以只需要求

$$b>\frac{1}{2}a^2,$$

$$a-1>\sqrt{2b-a^2}.$$

我们可以取 $a=3$, $b=6$, 这样的取值满足我们的条件. 我们可以看出, s 和 g 都是 $[0,1]$ 上的有界函数.

现在让我们回到 $\bar{\partial}$ 方程. 对于 L 上的任意光滑度量 h, 任意的 $c>0$, 我们得到了 $\bar{\partial}$ 方程的解 u_c, 并且该解满足如下估计:

$$\int_X |u|^2_{h,\omega}\frac{\omega^n}{n!} \leqslant \frac{4}{c^2}\int_{X(\mathrm{e}^c-1\leqslant\Psi\leqslant\mathrm{e}^{2c}-1)} |f|^2_{h,\omega}\mathrm{e}^{-\phi}\frac{\omega^n}{n!} \leqslant \frac{12}{c^2}\int_{X(\Psi\leqslant\mathrm{e}^{2c}-1)} |f|^2_{h,\omega}\frac{\omega^n}{n!}. \tag{4.3.4}$$

最后一个不等号成立是因为 $\mathrm{e}^{-u(v\circ\Psi)} = -v\circ\Psi + 3 < 3$. 后面的过程和证明主定理的过程是相同的. □

注记 4.3.1 正如注记 4.2.1 所说的那样, 上面的推论和 Kähler 度量 ω 的选取无关.

第 5 章　最优 L^2 延拓定理与 Suita 猜想

5.1　问 题 背 景

令 M 是一个复流形, $V \subset M$ 是一个解析簇, V 上定义的全纯函数或者全纯截面在 M 上的全纯延拓问题一直是多复变与复几何领域中的基本问题. 在 M 是 Stein 流形的情形下, 著名的 Cartan 定理保证了全纯延拓的存在性. 作为 Cartan 定理的推广, Ohsawa-Takegoshi L^2 延拓定理 [31] 考虑的是带有 L^2 条件的全纯函数或者全纯截面的延拓. Demailly [32] 把 Ohsawa-Takegoshi L^2 延拓定理推广到了弱拟凸流形. L^2 延拓定理有一系列应用, 包括拟多次调和函数的 Demailly 逼近定理、Siu 的多亏格不变定理 [33]、关启安教授和周向宇院士解决的 Demailly 强开性猜想等.

在文献 [16] 中, 关启安教授和周向宇院士在 Stein 流形上得到了一个一般的具有最优估计的 L^2 延拓定理. 后来, 朱朗峰教授和周向宇院士合作得到了弱拟凸 Kähler 流形上的具有最优估计的 L^2 延拓定理 [34]. 具有最优估计的 L^2 延拓定理有着许多重要的应用, 如 Berndtsson 关于相对 Bergman 核的对数多次调和性定理 [35]、Suita 猜想的完全解决 [16] 等.

上面提到的一些结果主要考虑的是约化解析子集 (reduced subvariety) 上的 L^2 延拓. 在文献 [32] 中, Demailly 得到了在非约化解析子集 (non-reduced subvariety) 上的 L^2 延拓结果, 并且提到是否可以用关启安和周向宇在文献 [16] 中采用的方法得到一个类似的结果.

在本书中, 我们在 Stein 流形的情况下得到了上述 Demailly [32] 定理的一个最优估计版本. 这个推广的结果考虑了非约化解析子集上的 L^2 延拓, 其主要区别在于: 对于待延拓的函数或截面, 我们允许选取更灵活的范数. 利用这个推广的结果, 我们可以得到一类 jet 型的最优 L^2 延拓定理、一类推广的 Bergman 核取得下界的充分必要条件以及一个关于 Riemann 曲面的刚性结果.

5.2　$\mathbb{C}^n$ 中区域上的 L^2-jet 延拓

我们将在这一节证明定理 1.3.2 的一个特殊情形, 即 $\mathbb{C}^n$ 中区域上的 jet 型 L^2 延拓定理. 虽然这种类型的延拓定理是一种特殊情形, 但是符号简单, 证明方法与一般的定理十分类似. 下面我们将证明一类保持特别 Taylor 展开式的 L^2 延拓. 为了叙述结果, 我们需要定义下面的测度.

令 $M \subset \mathbb{C}^n$ 是一个区域, $S = \{z \in M : z_n = 0\}$ 是 M 中的一个超平面, 用 $\mathcal{I}_S$ 表示 S 对应的理想. 考虑由 M 到 $[-\infty, A)$ ($A \in (-\infty, +\infty]$) 的一族多次调和函数 Ψ, 且 Ψ 满足

(1) $\Psi^{-1}(-\infty) \supset S$;

(2) 对于任意的 $x \in S$, 存在 x 的一个邻域 U 使得在 $S \cap U$ 上,

$$\sup_{U \setminus S} |\Psi(z) - \log |z_n|^2| < \infty.$$

我们用 $\Delta_A(S)$ 表示这样的多次调和函数 Ψ.

参考文献 [16]、[32]、[75] 中的想法, 对于每一个 $\Psi \in \Delta_A(S) \cap C^\infty(M \setminus S)$, 我们都能定义一个测度 $\mathrm{d}V[(k+1)\Psi]$: $\mathrm{d}V[(k+1)\Psi]$, 且该测度是满足

$$\int_S f|g|^2 \mathrm{d}\mu' \geqslant \limsup_{t\to\infty} \frac{1}{\pi} \int_M \tilde{f}|\tilde{g}|^2 \mathrm{e}^{-(k+1)\Psi} \mathbb{I}_{\{-1-t<\Psi<-t\}} \mathrm{d}V_M$$

的正测度 $\mathrm{d}\mu$ 的偏序集的极小元. 其中 $\mathbb{I}_{\{-1-t<\Psi<-t\}}$ 是集合 $\{-1-t<\Psi<-t\}$ 的特征函数; $f \in C_c(S)$; $g \in \mathcal{I}_S^k/\mathcal{I}_S^{k+1}$; $\tilde{f} \in C_c(M)$ 是 f 的任意光滑延拓; $\tilde{g}$ 是 g 的任意光滑延拓, 可使 g 在 $\mathcal{I}_S^k$ 的任意代表元 g_1, $g_1 - \tilde{g} \in \mathcal{I}_S^{k+1} \otimes_{\mathcal{O}(M)} C^\infty$. 因为上式的极限是在 S 的无穷小邻域中取的, 所以上式定义与光滑延拓的选择无关. 具体可以参考文献 [32].

令 $c_A(t)$ 是一个 $C^\infty((-A, +\infty))$ 中的正函数, 其中 $A \in (-\infty, +\infty]$, $C_A(t)$ 满足 $\int_{-A}^{\infty} c_A(t) \cdot \mathrm{e}^{-(k+1)t} \mathrm{d}t < \infty$ 并且对于任意的 $t \in (-A, +\infty)$, 有

$$\left(\int_{-A}^{t} c_A(t_1)\mathrm{e}^{-(k+1)t_1}\mathrm{d}t_1\right)^2 > c_A(t)\mathrm{e}^{-(k+1)t} \int_{-A}^{t}\int_{-A}^{t_2} c_A(t_1)\mathrm{e}^{-(k+1)t_1}\mathrm{d}t_1\mathrm{d}t_2. \tag{5.2.1}$$

当 $c_A(t)\mathrm{e}^{-(k+1)t}$ 是关于 t 的减函数并且 $A < \infty$ 时, 不等式 (5.2.1) 总是成立的.

定理 5.2.1 令 $M \subset \mathbb{C}^n$ 是一个拟凸域, $\mathrm{d}V_M$ 是 M 上的体积形式, $S = \{z \in M : z_n = 0\}$ 是 M 中的超平面, $\mathcal{I}_S$ 是 S 对应的理想, Ψ 是 $\Delta_A(S) \cap C^\infty(M \setminus S)$ 中的一个多次调和函数. 令 h 是 M 上全纯线丛 L 的光滑度量, 使得 h 的曲率算子在 $M \setminus S$ 满足

$$\sqrt{-1}\Theta_{(L,\ h)} \geqslant 0,$$

那么存在常数 $C = 1$, 使得对于任意的 $\mathcal{I}_S^k/\mathcal{I}_S^{k+1} \otimes K_M \otimes L|_S$ 的截面 f 且 f 满足

$$\int_S |f|_h^2 \mathrm{d}V_M[(k+1)\Psi] < \infty,$$

存在 $K_M \otimes L$ 的截面 F 使得在 S 的任一点附近, F 关于 z_n 的 Taylor 展开的前 k 项等于 f, 并且

$$\int_M c_A(-\Psi)|F|_h^2 \mathrm{d}V_M \leqslant \pi C \int_{-A}^{\infty} c_A(t)\mathrm{e}^{-(k+1)t}\mathrm{d}t \int_S |f|_h^2 \mathrm{d}V_M[(k+1)\Psi].$$

证明　正如文献 [16] 那样, 我们假设 c_A 是 $(-A,\infty)$ 上的光滑函数并且在 $[-A,\infty]$ 上连续, 而且满足 $\lim\limits_{t\to+\infty} c_A(t) > 0$.

因为 M 是拟凸域, 所以存在拟凸域序列 $\{D_m\}_{m=1}^{\infty}$ 对于所有的 m 满足 $D_m \subset\subset D_{m+1}$ 并且 $\bigcup\limits_{m=1}^{\infty} D_m = M$. 所有的 $D_m \setminus S$ 都有完备的 Kähler 度量.

根据 Cartan 定理 B, 存在 M 上 $L \otimes K_M$ 的截面 $\tilde{F}$ 使得 $\tilde{F}$ 在 S 上任意一点关于 z_n 的 k 次 Taylor 展开等于 f.

令 $\mathrm{d}s_M^2$ 是 M 上的标准的 Kähler 度量, dV_M 是对应的体积形式. 令 $\{v_{t_0,\varepsilon}\}_{t_0\in\mathbb{R},\varepsilon\in(0,\frac{1}{4})}$ 是 $\mathbb{R}$ 上的一簇光滑的增凸函数族, 满足

(1) 对于任意的 $t \geqslant -t_0-\varepsilon$, $v_{t_0,\varepsilon}(t) = t$; 当 $t < -t_0 - 1 + \varepsilon$ 时, $v_{t_0,\varepsilon}(t)$ 是一个与 t_0 和 ε 有关的常数 ε.

(2) 当 $\varepsilon \to 0$ 时, 序列 $v''_{t_0,\varepsilon}(t)$ 逐点收敛到 $\mathbb{I}_{\{-t_0-1<t<-t_0\}}$ 并且对于任意的 $t \in \mathbb{R}$, $0 \leqslant v''_{t_0,\varepsilon}(t) \leqslant 2$.

(3) $v_{t_0,\varepsilon}(t)$ 属于 C^1 并且当 $\varepsilon \to 0$ 时收敛到 $b_{t_0}(t)$. 同时对于任意的 $t \in \mathbb{R}$, $0 \leqslant v'_{t_0,\varepsilon}(t) \leqslant 1$, 其中

$$b_{t_0}(t) := \int_{-\infty}^{t} (\int_{-\infty}^{t_2} \mathbb{I}_{\{-t_0-1<t_1<-t_0\}}\mathrm{d}t_1)\mathrm{d}t_2 - \int_{-\infty}^{0} (\int_{-\infty}^{t_2} \mathbb{I}_{\{-t_0-1<t_1<-t_0\}}\mathrm{d}t_1)\mathrm{d}t_2$$

也是一个 $\mathbb{R}$ 上的 C^1 函数.

我们可以构造这样的 $\{v_{t_0,\varepsilon}\}_{t_0\in\mathbb{R},\varepsilon\in(0,\frac{1}{4})}$. 令

$$\begin{aligned} v_{t_0,\varepsilon}(t) := &\int_{-\infty}^{t}\int_{-\infty}^{t_1} \frac{1}{1-2\varepsilon}\mathbb{I}_{\{-t_0-1+\varepsilon<s<-t_0-\varepsilon\}} * \rho_{\frac{1}{4}\varepsilon}\mathrm{d}s\mathrm{d}t_1 - \\ &\int_{-\infty}^{0}\int_{-\infty}^{t_1} \frac{1}{1-2\varepsilon}\mathbb{I}_{\{-t_0-1+\varepsilon<s<-t_0-\varepsilon\}} * \rho_{\frac{1}{4}\varepsilon}\mathrm{d}s\mathrm{d}t_1, \end{aligned} \tag{5.2.2}$$

其中 $\rho_{\frac{1}{4}\varepsilon}$ 是满足 $\mathrm{supp}(\rho_{\frac{1}{4}\varepsilon}) \subset \left(-\frac{1}{4}\varepsilon, \frac{1}{4}\varepsilon\right)$ 的磨光子.

于是, 我们有

$$v'_{t_0,\varepsilon}(t) = \int_{-\infty}^{t} \frac{1}{1-2\varepsilon}\mathbb{I}_{\{-t_0-1+\varepsilon<s<-t_0-\varepsilon\}} * \rho_{\frac{1}{4}\varepsilon}\mathrm{d}s,$$

并且

$$v''_{t_0,\varepsilon}(t)=\frac{1}{1-2\varepsilon}\mathbb{I}_{\{-t_0-1+\varepsilon<t<-t_0-\varepsilon\}}*\rho_{\frac{1}{4}\varepsilon}.$$

令 s 和 u 是两个待定的实值函数. 令 $\eta=s(-v_{t_0,\varepsilon}\circ\Psi)$, $\phi=u(-v_{t_0,\varepsilon}\circ\Psi)$, 其中 $s\in C^\infty((-A,+\infty))$ 使得 $s\geqslant 0$, $u\in C^\infty((-A,+\infty))$ 使得 $\lim\limits_{t\to+\infty}u(t)$ 存在 (稍后的计算会得出该极限为 $-\log\left(\int_{-A}^{\infty}c_A(t)\mathrm{e}^{-(k+1)t}\mathrm{d}t\right)$). 令 $\tilde{h}=h\mathrm{e}^{-(k+1)\Psi-\phi}$.

令 $\alpha\in\mathcal{D}(X,\Lambda^{n,1}T^*_{D_m\setminus S}\otimes L)$ 是一个有紧支集的 L-值光滑 $(n,1)$-形式并且支集在 $D_m\setminus S$. 根据引理 3.3.1, 有

$$\begin{aligned}&\|(\eta+g^{-1})^{\frac{1}{2}}D''^*\alpha\|^2_{D_m\setminus S,\tilde{h}}+\|\eta^{\frac{1}{2}}D''\alpha\|^2_{D_m\setminus S,\tilde{h}}\\ \geqslant&\ll[\eta\sqrt{-1}\Theta_{\tilde{h}}-\sqrt{-1}\partial\bar{\partial}\eta-\sqrt{-1}g\partial\eta\wedge\bar{\partial}\eta,\Lambda_\omega]\alpha,\alpha\gg_{D_m\setminus S,\tilde{h}}\\ =&\ll[\eta\sqrt{-1}\partial\bar{\partial}\phi+\eta\sqrt{-1}\Theta_{h\mathrm{e}^{-\Psi}}-\sqrt{-1}\partial\bar{\partial}\eta-\sqrt{-1}g\partial\eta\wedge\bar{\partial}\eta,\Lambda_\omega]\alpha,\alpha\gg_{D_m\setminus S,\tilde{h}},\end{aligned}\tag{5.2.3}$$

其中 g 是 $D_m\setminus S$ 上待定的光滑正函数. 因此,

$$\begin{aligned}&\eta\sqrt{-1}\partial\bar{\partial}\phi-\sqrt{-1}\partial\bar{\partial}\eta-\sqrt{-1}g\partial\eta\wedge\bar{\partial}\eta\\ =&(s'-su')\sqrt{-1}\partial\bar{\partial}(v_{t_0,\varepsilon}\circ\Psi)+((u''s-s'')-gs'^2)\sqrt{-1}\partial(v_{t_0,\varepsilon}\circ\Psi)\wedge\bar{\partial}(v_{t_0,\varepsilon}\circ\Psi)\\ =&(s'-su')((v'_{t_0,\varepsilon}\circ\Psi)\sqrt{-1}\partial\bar{\partial}\Psi+(v''_{t_0,\varepsilon}\circ\Psi)\sqrt{-1}\partial(\Psi)\wedge\bar{\partial}(\Psi))+\\ &((u''s-s'')-gs'^2)\sqrt{-1}\partial(v_{t_0,\varepsilon}\circ\Psi)\wedge\bar{\partial}(v_{t_0,\varepsilon}\circ\Psi).\end{aligned}\tag{5.2.4}$$

我们忽略了上式 $s'-su'$ 和 $(u''s-s'')-gs'^2$ 中的复合项 $(-v_{t_0,\varepsilon}\circ\Psi)$.

令 $g=\dfrac{u''s-s''}{s'^2}\circ(-v_{t_0,\varepsilon}\circ\Psi)$, $s'-su'=1$, 那么 $\eta+g^{-1}=\left(s+\dfrac{s'^2}{u''s-s''}\right)\circ(-v_{t_0,\varepsilon}\circ\Psi)$. 因为 $v'_{t_0,\varepsilon}\geqslant 0$, 所以

$$\begin{aligned}\langle B\alpha,\alpha\rangle_{\tilde{h}}=&\langle[\eta\sqrt{-1}\Theta_{\tilde{h}}-\sqrt{-1}\partial\bar{\partial}\eta-\sqrt{-1}g\partial\eta\wedge\bar{\partial}\eta,\Lambda_\omega]\alpha,\alpha\rangle_{\tilde{h}}\\ \geqslant&\langle[(v''_{t_0,\varepsilon}\circ\Psi)\sqrt{-1}\partial\Psi\wedge\bar{\partial}\Psi,\Lambda_\omega]\alpha,\alpha\rangle_{\tilde{h}}\\ =&\langle(v''_{t_0,\varepsilon}\circ\Psi)\bar{\partial}\Psi\wedge(\alpha\llcorner(\bar{\partial}\Psi)^\sharp),\alpha\rangle_{\tilde{h}}.\end{aligned}\tag{5.2.5}$$

根据收缩的定义、Cauchy-Schwarz 不等式和不等式 (5.2.5), 对于任意的 $(n,0)$ 形式 γ

和 $(n,1)$ 形式 $\tilde{\alpha}$, 有

$$\begin{aligned}|\langle(v''_{t_0,\varepsilon}\circ\Psi)\bar{\partial}\Psi\wedge\gamma,\tilde{\alpha}\rangle_{\tilde{h}}|^2=&|\langle(v''_{t_0,\varepsilon}\circ\Psi)\gamma,\tilde{\alpha}\llcorner(\bar{\partial}\Psi)^\sharp\rangle_{\tilde{h}}|^2\\ \leqslant&\langle(v''_{t_0,\varepsilon}\circ\Psi)\gamma,\gamma\rangle_{\tilde{h}}(v''_{t_0,\varepsilon}\circ\Psi)|\tilde{\alpha}\llcorner(\bar{\partial}\Psi)^\sharp|^2_{\tilde{h}}\\ =&\langle(v''_{t_0,\varepsilon}\circ\Psi)\gamma,\gamma\rangle_{\tilde{h}}\langle(v''_{t_0,\varepsilon}\circ\Psi)\bar{\partial}\Psi\wedge(\tilde{\alpha}\llcorner(\bar{\partial}\Psi)^\sharp),\tilde{\alpha}\rangle_{\tilde{h}}\\ \leqslant&\langle(v''_{t_0,\varepsilon}\circ\Psi)\gamma,\gamma\rangle_{\tilde{h}}\langle B\tilde{\alpha},\tilde{\alpha}\rangle_{\tilde{h}}.\end{aligned}\tag{5.2.6}$$

令 $\lambda=\bar{\partial}[(1-v'_{t_0,\varepsilon}(\Psi))\tilde{F}]$, $\gamma=\tilde{F}$, $\tilde{\alpha}=B^{-1}\bar{\partial}\Psi\wedge\tilde{F}$, 所以

$$\langle B^{-1}\lambda,\lambda\rangle_{\tilde{h}}\leqslant(v''_{t_0,\varepsilon}\circ\Psi)|\tilde{F}|^2_{\tilde{h}},$$

于是

$$\int_{D_m\backslash S}\langle B^{-1}\lambda,\lambda\rangle_{\tilde{h}}\mathrm{d}V_M\leqslant\int_{D_m\backslash S}(v''_{t_0,\varepsilon}\circ\Psi)|\tilde{F}|^2_{\tilde{h}}\mathrm{d}V_M.$$

根据引理 3.3.3, 在 $D_m\setminus S$ 上存在 L-值 $(n,0)$-形式 $\gamma_{m,t_0,\varepsilon}$ 使得

$$\bar{\partial}\gamma_{m,t_0,\varepsilon}=\lambda,$$

并且

$$\int_{D_m\backslash S}|\gamma_{m,t_0,\varepsilon}|^2_{\tilde{h}}(\eta+g^{-1})^{-1}\mathrm{d}V_M\leqslant\int_{D_m\backslash S}(v''_{t_0,\varepsilon}\circ\Psi)|\tilde{F}|^2_{\tilde{h}}\mathrm{d}V_M.$$

因为 $v_{t_0,\varepsilon}(\Psi)\geqslant\Psi$, 如果我们选取光滑函数 η, g 使得

$$c_A(-v_{t_0,\varepsilon}\circ\Psi)\leqslant(\eta+g^{-1})^{-1}\mathrm{e}^{(k+1)v_{t_0,\varepsilon}(\Psi)-\phi},$$

那么

$$\int_{D_m\backslash S}|\gamma_{m,t_0\varepsilon}|^2_{\tilde{h}}c_A(-v_{t_0,\varepsilon}\circ\Psi)\mathrm{d}V_M\leqslant C\int_{D_m\backslash S}(v''_{t_0,\varepsilon}\circ\Psi)|\tilde{F}|^2_{\tilde{h}}\mathrm{d}V_M.$$

对于任意给定的 t_0, M 中存在 $\{\Psi=-\infty\}\cap\overline{D_m}$ 的邻域 U_0 , 使得对于任意的 ε, $v''_{t_0,\varepsilon}\circ\Psi|_{U_0}=0$. 因此 $\bar{\partial}\gamma_{m,t_0,\varepsilon}|_{U_0\backslash S}=0$.

因为 Ψ 是上半连续的, ϕ 在 D_m 上有界, $\gamma_{m,t_0,\varepsilon}$ 在 S 附近是局部平方可积的, 所以 $\gamma_{m,t_0,\varepsilon}$ 可以全纯延拓到 U_0, 可以表示为 $\tilde{\gamma}_{m,t_0,\varepsilon}$.

因为 $\Psi\in\Delta_A(S)$, $\tilde{\gamma}_{m,t_0,\varepsilon}\mathrm{e}^{-(k+1)\Psi}$ 在 S 附近可积, 所以 $\tilde{\gamma}_{m,t_0,\varepsilon}$ 及其所有关于 z_n 的次数小于等于 k 的 Taylor 展开为 0, 并且

$$\int_{D_m}|\tilde{\gamma}_{m,t_0,\varepsilon}|^2_{\tilde{h}}c_A(-v_{t_0,\varepsilon}\circ\Psi)\mathrm{d}V_M\leqslant\frac{C}{\mathrm{e}^{A_{t_0}}}\int_{D_m}(v''_{t_0,\varepsilon}\circ\Psi)|\tilde{F}|^2_{h\mathrm{e}^{-(k+1)\Psi}}\mathrm{d}V_M,\tag{5.2.7}$$

其中 $A_{t_0} := \inf\limits_{t \geqslant t_0}\{u(t)\}$.

令 $F_{m,t_0,\varepsilon} := (1 - v'_{t_0,\varepsilon} \circ \Psi)\widetilde{F} - \tilde{\gamma}_{m,t_0,\varepsilon}$. 因为 $\tilde{\gamma}_{m,t_0,\varepsilon}|_S = 0$, 所以 $F_{m,t_0,\varepsilon}$ 是 D_m 上的全纯 L-值 $(n,0)$-形式并且 F 在 S 中任意一点的关于 z_n 的 k 次 Taylor 展开是 f.

不等式 (5.2.7) 可以写作

$$\begin{aligned}&\int_{D_m} |F_{m,t_0,\varepsilon} - (1 - v'_{t_0,\varepsilon} \circ \Psi)\tilde{F}|_h^2 c_A(-v_{t_0,\varepsilon} \circ \Psi)\mathrm{d}V_M \\ \leqslant & \frac{C}{\mathrm{e}^{A_{t_0}}}\int_{D_m} (v''_{t_0,\varepsilon} \circ \Psi)|\tilde{F}|^2_{h\mathrm{e}^{-(k+1)\Psi}}\mathrm{d}V_M.\end{aligned}$$

给定 t_0 和 D_m, 容易验证 $(v''_{t_0,\varepsilon} \circ \Psi)|\tilde{F}|^2_{h\mathrm{e}^{-(k+1)\Psi}}$ 在 D_m 上有不依赖于 ε 的界, 那么, 对于任意给定的 t_0 和 D_m,

$$\int_{D_m} |(1 - v'_{t_0,\varepsilon} \circ \Psi)\tilde{F}|_h^2 c_A(-v_{t_0,\varepsilon} \circ \Psi)\mathrm{d}V_M$$

和

$$\int_{D_m} (v''_{t_0,\varepsilon} \circ \Psi|)\tilde{F}|^2_{h\mathrm{e}^{-(k+1)\Psi}}\mathrm{d}V_M$$

都有不依赖于 ε 的界. 又因为 $\bar{\partial}F_{m,t_0,\varepsilon} = 0$, 所以我们可以选取 $\{F_{m,t_0,\varepsilon}\}_\varepsilon$ 的子列, 使得该子列在 D_m 的任意紧集上都一致收敛. 我们不妨仍将这个子列记为 $\{F_{m,t_0,\varepsilon}\}_\varepsilon$.

对于 D_m 的任意紧子集 K, 容易验证 $F_{m,t_0,\varepsilon}$, $(1 - v'_{t_0,\varepsilon} \circ \Psi)\tilde{F}$ 和 $(v''_{t_0,\varepsilon} \circ \Psi)|\tilde{F}|^2_{h\mathrm{e}^{-(k+1)\Psi}}$ 在 K 上有不依赖于 ε 的界.

在 D_m 的任意紧子集 K 上应用控制收敛定理, 有

$$\begin{aligned}&\int_K |F_{m,t_0} - (1 - b'_{t_0}(\Psi))\tilde{F}|_h^2 c_A(-b_{t_0}(\Psi))\mathrm{d}V_M \\ \leqslant & \frac{C}{\mathrm{e}^{A_{t_0}}}\int_{D_m} (\mathbb{I}_{\{-t_0-1<t<-t_0\}} \circ \Psi)|\tilde{F}|^2_{h\mathrm{e}^{-(k+1)\Psi}}\mathrm{d}V_M,\end{aligned} \tag{5.2.8}$$

所以

$$\begin{aligned}&\int_{D_m} |F_{m,t_0} - (1 - b'_{t_0}(\Psi))\tilde{F}|_h^2 c_A(-b_{t_0}(\Psi))\mathrm{d}V_M \\ \leqslant & \frac{C}{\mathrm{e}^{A_{t_0}}}\int_{D_m} (\mathbb{I}_{\{-t_0-1<t<-t_0\}} \circ \Psi)|\tilde{F}|^2_{h\mathrm{e}^{-(k+1)\Psi}}\mathrm{d}V_M.\end{aligned} \tag{5.2.9}$$

根据 $\mathrm{d}V_M[(k+1)\Psi]$ 的定义和不等式 $\int_S |f|_h^2\mathrm{d}V_M[(k+1)\Psi]<\infty$, 有

$$\begin{aligned}&\limsup_{t_0\to+\infty}\int_{D_m}(\mathbb{I}_{\{-t_0-1<t<-t_0\}}\circ\Psi_v)|\tilde{F}|^2_{h\mathrm{e}^{-(k+1)\Psi}}\mathrm{d}V_M\\ \leqslant&\limsup_{t_0\to+\infty}\int_M\mathbb{I}_{\overline{D}_m}(\mathbb{I}_{\{-t_0-1<t<-t_0\}}\circ\Psi)|\tilde{F}|^2_{h\mathrm{e}^{-(k+1)\Psi}}\mathrm{d}V_M\\ \leqslant&\pi\int_S|f|_h^2\mathrm{d}V_M[(k+1)\Psi]<\infty,\end{aligned}$$

所以对于任意给定的 D_m, $\int_{D_m}(\mathbb{I}_{\{-t_0-1<t<-t_0\}}\circ\Psi)|\tilde{F}|^2_{h\mathrm{e}^{-(k+1)\Psi}}\mathrm{d}V_M$ 有不依赖于 t_0 的界. 于是, 对于任意给定的 D_m,

$$\int_{D_m}|F_{m,t_0}-(1-b'_{t_0}(\Psi))\tilde{F}|_h^2c_A(-b_{t_0}(\Psi))\mathrm{d}V_M$$

有不依赖于 t_0 的界.

因为

$$\int_{D_m}|(1-b'_{t_0}(\Psi))\tilde{F}|_h^2c_A(-b_{t_0}(\Psi))\mathrm{d}V_M$$

有不依赖于 t_0 的界, 所以

$$\int_{D_m}|F_{m,t_0}|_h^2c_A(-b_{t_0}(\Psi))\mathrm{d}V_M$$

也有不依赖于 t_0 的界.

因为 $\bar{\partial}F_{m,t_0}=0$, 所以我们可以找到 $\{F_{m,t_0}\}_{t_0}$ 的一列子列, 使得这个子列在 D_m 的任何紧集上都一致收敛. 我们仍然将这个子列表示为 $\{F_{m,t_0}\}_{t_0}$.

对于 D_m 的任意紧子集 K, F_{m,t_0} 和 $(1-b'_{t_0}\circ\Psi)\tilde{F}$ 在 K 上都有不依赖于 t_0 的界.

根据不等式 (5.2.9) 和

$$\lim_{t\to+\infty}u(t)=-\log(\int_{-A}^{+\infty}c_A(t)\mathrm{e}^{-(k+1)t}\mathrm{d}t),$$

有

$$\lim_{t_0\to\infty}\frac{1}{\mathrm{e}^{A t_0}}=\int_{-A}^{+\infty}c_A(t)\mathrm{e}^{-(k+1)t}\mathrm{d}t.$$

在 D_m 的任意紧子集 K 上应用控制收敛定理, 有

$$\int_{D_m}\mathbb{I}_K|F_m|_h^2c_A(-\Psi)\mathrm{d}V_M\leqslant C(\int_{-A}^{+\infty}c_A(t)\mathrm{e}^{-(k+1)t}\mathrm{d}t)\pi\int_S|f|_h^2\mathrm{d}V_M[(k+1)\Psi],\tag{5.2.10}$$

所以

$$\int_{D_m}|F_m|_h^2c_A(-\varPsi)\mathrm{d}V_M\leqslant C(\int_{-A}^{+\infty}c_A(t)\mathrm{e}^{-(k+1)t}\mathrm{d}t)\pi\int_{S_{n-k}}|f|_h^2\mathrm{d}V_M[(k+1)\varPsi],\tag{5.2.11}$$

其中 $\{\varPsi=-\infty\}$ 是 Lebesgue 零测集.

因为我们假设 c_A 在 $(-A,\infty)$ 上光滑, 所以 C_A 在 $[-A,\infty]$ 上连续并且 $\lim\limits_{t\to\infty}c_A(t)>0$. 由于 $\varPsi$ 在 D_m 上有界, $c_A(-\varPsi)$ 在每一个 D_m 上有正下界, 因此通过对角线原理, 在 M 上有一个 $K_M\otimes L$ 的全纯截面 F 满足 F 在 S 上任意点的关于 z_n 的前 k 次 Taylor 展开是 f 并且

$$\int_M|F|_h^2c_A(-\varPsi)\mathrm{d}V_M\leqslant C(\int_{-A}^{+\infty}c_A(t)\mathrm{e}^{-(k+1)t}\mathrm{d}t)\pi\int_S|f|_h^2\mathrm{d}V_M[(k+1)\varPsi].$$

为了完成证明, 只需在 D_m 上找到满足下面不等式的 η 和 ϕ:

$$(\eta+g^{-1})\leqslant Cc_A^{-1}(-v_{t_0,\varepsilon}\circ\varPsi)\mathrm{e}^{-(k+1)v_{t_0,\varepsilon}\circ\varPsi}\mathrm{e}^{-\phi}.$$

因为 $\eta=s(-v_{t_0,\varepsilon}\circ\varPsi)$, $\phi=u(-v_{t_0,\varepsilon}\circ\varPsi)$, 自然地, 我们有下面的常微分方程组:

$$\begin{cases}(s+\dfrac{s'^2}{u''s-s''})\mathrm{e}^{u-(k+1)t}=\dfrac{C}{c_A(t)},\\[2ex] s'-su'=1,\end{cases}$$

其中 $t\in(-A,+\infty)$; $C=1$; $s\in C^\infty((-A,+\infty))$ 满足 $s\geqslant0$; $u\in C^\infty((-A,+\infty))$ 满足 $\lim\limits_{t\to+\infty}u(t)=-\log\left(\int_{-A}^{\infty}c_A(t)\mathrm{e}^{-(k+1)t}\mathrm{d}t\right)$ 并且 $u''s-s''>0$.

求解上述常微分方程组, 可得

$$u=-\log\left(\int_{-A}^{t}c_A(t_1)\mathrm{e}^{-(k+1)t_1}\mathrm{d}t_1\right),$$

$$s=\frac{\displaystyle\int_{-A}^{t}\left(\int_{-A}^{t_2}c_A(t_1)\mathrm{e}^{-(k+1)t_1}\mathrm{d}t_1\right)\mathrm{d}t_2}{\displaystyle\int_{-A}^{t}c_A(t_1)\mathrm{e}^{-(k+1)t_1}\mathrm{d}t_1}.\tag{5.2.12}$$

可以验证, $s\in C^\infty((-A,+\infty))$, s 在每一个 D_m 上都是非负的, $u\in C^\infty((-A,+\infty))$ 且满足 $\lim\limits_{t\to+\infty}u(t)=-\log\left(\int_{-A}^{+\infty}c_A(t_1)\mathrm{e}^{-(k+1)t_1}\mathrm{d}t_1\right)$.

从 $su''-s''=-s'u'$ 和 $u'<0$ 可得 $u''s-s''>0$ 等价于 $s'>0$. 容易验证不等式 (5.2.1) 就是 $s'>0$, 因此 $u''s-s''>0$. □

注记 5.2.1　考虑 $\mathbb{C}$ 中单位圆盘及其上平凡线丛的情况, 可知定理 5.2.1 的估计是最优的.

注记 5.2.2　令 $\Omega \subset \mathbb{C}$ 是一个平面区域, 并且有非平凡的 Green 函数 G_Ω, 令 z_0 是 Ω 中的任意一点. 令 $c_0(t)=1$, $\Psi = 2G_\Omega(\cdot, z_0)$. 在定理 5.2.1中, 令 $f=(z-z_0)^k$, 那么根据对数容量的定义和定理 5.2.1, 存在 Ω 上的全纯函数 F 使得 $F(z_0)=\cdots=F^{(k-1)}(z_0)=0, F^{(k)}(z_0)/k!=1$ 且

$$\sqrt{-1}\int_\Omega F\wedge\bar{F} \leqslant \frac{\pi}{k+1}\int_{z_0}|w^k\mathrm{d}w|^2\mathrm{d}V_\Omega[2(k+1)G_\Omega(z,z_0)] = \frac{\pi}{(k+1)c_\beta(z_0)^{2k+2}},$$

因此

$$B_\Omega^{(k)}(z_0) \geqslant \frac{(k+1)}{\pi}c_\beta(z_0)^{2k+2}.$$

定理 5.2.1 的证明与文献 [16] 中最优 L^2 延拓定理的证明是平行的. 因为我们考虑的都是复欧氏空间中的情形, 所以不区分全纯函数和全纯 $(n,0)$ 形式.

5.3　Stein 流形中非约化解析集上的 L^2 延拓

为了叙述我们的结果, 首先回顾一下 Demailly 在文献 [32] 中引入的概念和记号.

令 ψ 是复流形 M 上的多次调和函数. 对于 $x\in M$, 我们把在 x 处具有如下形式

$$\mathcal{I}(\psi)_x = \left\{ f\in\mathcal{O}_{M,x}: \text{存在}x\text{的邻域}U\text{使得}\int_U |f|^2\mathrm{e}^{-\psi}\mathrm{d}\lambda < +\infty \right\}$$

的茎 (stalk) 的层称为关于 ψ 的乘子理想层, 记作 $\mathcal{I}(\psi)$. 根据文献 [76] 中的结果, $\mathcal{I}(\psi)$ 是一个凝聚解析层. 又因为乘子理想层的强开性质 [12], 对于 M 中的任一相对紧开集 $U \Subset M$, 存在一列正数 (称之为 ψ 的跳跃数 (jumping number))

$$0=m_0<m_1<\cdots<m_k<\cdots$$

使得 $\mathcal{I}(m\psi)|_U = \mathcal{I}(m_k\psi)|_U$, 其中, $m\in[m_k, m_{k+1})$.

我们称 ψ 具有好的解析奇点 (neat analytic singularity), 如果对于任意的 $x\in M$, 存在 x 的一个开邻域 U, 使得 ψ 在 U 上可以局部地写成下面的形式:

$$\psi = c\log\left(\sum_{j=1}^N |g_j|^2\right)+u,$$

其中 $c \geqslant 0$ 是一个常数; $g_j \in \mathcal{O}_M(U)$; $u \in C^\infty(U)$. 我们称 ψ 的奇点沿着零解析集 $Y = V(\mathcal{I}(\psi))$ 是对数典则 (log-canonical) 的, 是指对于任意的 $\varepsilon > 0$ 都有 $\mathcal{I}((1-\varepsilon)\psi)|_Y = \mathcal{O}_M|_Y$. 显然, 如果 ψ 的奇点是对数典则 (log-canonical) 的, 那么 $\mathcal{I}(\psi)$ 是约化 (reduced) 理想.

在下面的内容中, 我们总是假设 Ψ 是复流形 M 上具有好的解析奇点的多次调和函数, 并且假设存在一串离散的跳跃数

$$0 = m_0 < m_1 < \cdots < m_k < \cdots,$$

对于 $m \geqslant 0$, 令 $Y^{(m)} := V(\mathcal{I}(m\psi))$. 注意, 凝聚层 $\mathcal{I}(m_k\Psi)/\mathcal{I}(m_{k+1}\Psi)$ 的支集 Z_{k+1} 是 $Y^{(m_{k+1})}$ 的一个约化解析子集. 因此, $\mathcal{I}(m_k\Psi)/\mathcal{I}(m_{k+1}\Psi)$ 可以被看作 Zariski 开集 $Z_{k+1}^\circ \subset Z_{k+1}$ 上的向量丛.

令 $\mathrm{d}V_M$ 是复流形 M 上的一个连续的体积形式, L 是复流形 M 上的一个 Hermite 全纯线丛. 正如文献 [32] 中那样, 对于一个给定的全纯截面

$$f \in H^0(Y^{(m_{k+1})}, \mathcal{O}_M(K_M \otimes L) \otimes \mathcal{I}(m_k\Psi)/\mathcal{I}(m_{k+1}\Psi)),$$

其中 K_M 是复流形 M 上的典则丛, 我们可以将 L^2 测度

$$|f|^2 \mathrm{d}V_M[m_{k+1}\Psi]$$

定义为满足条件

$$\int_{Z_{k+1}^\circ} g\mathrm{d}\mu \geqslant \limsup_{t\to\infty} \int_{\{x\in M: -1-t<\Psi<-t\}} \tilde{g}|\tilde{f}|^2 \mathrm{e}^{-m_{k+1}\Psi} \mathrm{d}V_M \tag{5.3.1}$$

的正测度偏序集中的极小元素, 其中 $g \geqslant 0, g \in C_c(Z_{k+1}^\circ)$; $\tilde{g} \in C_c(M)$ 是 g 的一个非负连续延拓; $\tilde{f}$ 是 f 在复流形 M 上满足条件 $\tilde{f} - f \in \mathcal{I}(m_{k+1}\Psi) \otimes_{\mathcal{O}_M} C^\infty$ 的光滑延拓.

根据 Hironaka 主理想化定理, $|f|^2 \mathrm{d}V_M[m_{k+1}\Psi]$ 与延拓 $\tilde{f}$ 及 $\tilde{g}$ 的选取无关, 并且这个测度在 Z_{k+1}° 中的一个 Zariski 开集中有光滑的、正的密度函数 (见文献 [32]). 因为 $\mathcal{I}(m_k\Psi)/\mathcal{I}(m_{k+1}\Psi)$ 的支集在 Z_{k+1} 中, 所以我们可以在 $Y^{(m_{k+1})} \setminus Z_{k+1}$ 上将这个测度定义为 0.

(L, h) 是 M 上的一个 Hermite 全纯线丛, 其中 h 是线丛的度量. 令 u 是 $L \otimes K_M \otimes \mathcal{I}_S^k/\mathcal{I}_S^{k+1}$ 的截面. 对于任意的连续体积形式 $\mathrm{d}V_M$, 定义

$$|u|_h^2\big|_V := \frac{c_n h(e,e) v \wedge \overline{v}}{\mathrm{d}V_M}.$$

其中, 在开集 $V \subset M \setminus S$ 上, $u|_V = v \otimes e$, v 是 $\mathcal{I}_S^k/\mathcal{I}_S^{k+1} \otimes K_M|_V$ 的一个截面, e 是 $E|_V$ 的一个局部标架. 因为

$$\int_V f|u|_h^2 \mathbb{I}_{\{-1-t<\Psi<-t\}} \mathrm{e}^{-m_{k+1}\Psi} \mathrm{d}V_M = \int_V f c_n h(e,e) v \wedge \bar{v} \mathbb{I}_{\{-1-t<\Psi<-t\}} \mathrm{e}^{-m_{k+1}\Psi} \mathrm{d}V_M,$$

其中 f 是 V 上的紧支集的连续函数, 因此这个测度与体积形式 $\mathrm{d}V_M$ 的选取无关.

同样地, 沿用文献 [32] 中的记号, 我们把由所有满足

$$\int_{U \cap Y^{(m_{k+1})}} |f|^2 \mathrm{d}V_M[m_{k+1}\Psi] < +\infty$$

的芽 $f \in \mathcal{I}(m_k\Psi)_x \subset \mathcal{O}_{M,x}$ 所构成的理想层称为限制乘子理想层, 记作 $\mathcal{I}'(m_k\Psi) \subset \mathcal{I}(m_k\Psi)$.

文献 [32] 已经证明了 $\mathcal{I}'(m_k\Psi)$ 是一个包含 $\mathcal{I}(m_{k+1}\Psi)$ 的凝聚层并且具有下面的包含关系:

$$\mathcal{I}(m_{k+1}\Psi) \subset \mathcal{I}'(m_k\Psi) \subset \mathcal{I}(m_k\Psi).$$

需要注意的是, 即使是在 $k=0$ 的情况下, 上面的包含关系也有可能是严格的.

假设 $\Psi < A$, 其中 $A \in (-\infty, +\infty]$. 假设 $c_A(t)$ 是定义在 $(-A, +\infty)$ 上的光滑正函数, 可使

$$\log\left(\int_{-A}^{t} \int_{-A}^{t_2} c_A(t_1) \mathrm{e}^{-m_{k+1}t_1} \mathrm{d}t_1 \mathrm{d}t_2\right)$$

在 $t \in (-A, +\infty)$ 时为严格凹函数. 特别地, 如果 A 有限并且 $c_A(t)\mathrm{e}^{-m_{k+1}t}$ 关于 t 是减函数, 那么上面的函数就是严格凹的.

利用与文献 [16] 平行的方法, 我们可得到下面的定理.

定理 5.3.1　令 M 是 Stein 流形, $\mathrm{d}V_M$ 是 M 上的一个光滑的体积形式, 令 $\Psi < A$ (其中 $A \in (-\infty, +\infty]$) 是流形 M 上具有好的解析奇点的多次调和函数. 设 $0 = m_0 < m_1 < \cdots < m_k < \cdots$ 是关于 Ψ 的一个跳跃数序列. 令 L 是流形 M 上的全纯线丛, 并且在 L 上有一个奇异 Hermite 度量 h 使得它的曲率算子 (分布意义下) 在 $M \setminus Y^{(m_{k+1})}$ 上满足

$$\sqrt{-1}\Theta_{(L,h)} \geqslant 0,$$

其中 $Y^{(m_{k+1})} = V(\mathcal{I}(m_{k+1}\Psi))$. 那么, 对于 $\mathcal{O}_M(K_M \otimes L) \otimes \mathcal{I}'(m_k\Psi)/\mathcal{I}(m_{k+1}\Psi)$ 限制在 $Y^{(m_{k+1})}$ 上的任意全纯截面 f, 并且 f 满足下面的可积性条件

$$\int_{Y^{(m_{k+1})}} |f|_h^2 \mathrm{d}V_M[m_{k+1}\Psi] < +\infty,$$

在 M 上存在 $\mathcal{O}_M(K_M\otimes L)\otimes\mathcal{I}'(m_k\Psi)$ 的整体截面 F, 并且 F 在同态 $\mathcal{I}'(m_k\Psi)\to\mathcal{I}'(m_k\Psi)/\mathcal{I}(m_{k+1}\Psi)$ 下的像是 f, 且有

$$\int_M |F|_h^2 c_A(-\Psi)\mathrm{d}V_M \leqslant (\int_{-A}^{+\infty} c_A(t)\mathrm{e}^{-m_{k+1}t}\mathrm{d}t)\int_{Y^{(m_{k+1})}} |f|_h^2\mathrm{d}V_M[m_{k+1}\Psi].$$

上述定理中的估计是最优的, 详见后续内容.

5.4 应　　用

在证明定理 5.3.1 之前, 我们首先介绍一下这个定理的几个应用.

1. L^2-jet 延拓

我们先回顾一下文献 [32] 和 [77] 中的概念与记号.

设 L 是复流形 M 上的全纯线丛, k 是一个非负整数. 令 $S\subset M$ 是复流形 M 中的一个维数为 r 的子流形. 对于 $x\in S$, 我们称 $J^k(S,L)_x:=\mathcal{O}_M/I_S^{k+1}(L)_x$ 中的元素为 x 处的 L-值 k-jet, 其中 I_S 是 $\mathcal{O}_M$ 中关于 S 的理想子层. 我们把由全纯截面 $F\in H^0(M,L)$ 的芽所决定的 k-jet 的全体记作 J^kF.

对于 k-jet, 我们有以下的短正合序列:

$$0\to\mathcal{O}_S(\mathrm{Sym}^k(N_{M/S}^*)\otimes L)\xrightarrow{i}J^k(S,L)\to J^{k-1}(S,L)\to 0,$$

其中 $N_{M/S}$ 表示子流形 S 的法丛.

上述短正合序列中的映射 i 可以根据如下方法计算: 对于 $x\in S$, 选取一个以 x 为中心的局部平凡化 $(U,z_1,\cdots,z_n,e)$, 使得 $S\cap U=\{z\in U:z_1=\cdots=z_{n-r}=0\}$; 任取 $F\in H^0\left(S\cap U,\mathrm{Sym}^k(N_{M/S}^*)\otimes L\right)$, 我们可以在局部上将 F 写成 $F(z)=\sum\limits_{|\alpha|=k}f_\alpha\mathrm{d}z^\alpha\otimes e$ 的形式, 于是 $i(F)=J^k(\sum f_\alpha z^\alpha\otimes e)$.

可以看到, 上面定义的 k-jet 是沿着子流形 S 做 Taylor 展开的. 类似于平面区域中的 Taylor 展开, 我们可以对 $F\in H^0(X,L)$ 定义"单项式"项. 这种"单项式"项为 $H^0(S,\mathrm{Sym}^k(N_{X/S}^*)\otimes L)$ 中使得 $J^kF-i(f_k)\in J^{k-1}(S,L)$ 的唯一元素 f_k. 注意, 全纯截面的 0-jet 就是它的值.

设 $\Psi<A$(其中 $A\in(-\infty,+\infty]$) 是复流形 M 上的光滑多次调和函数并且满足

(1) $\Psi^{-1}(-\infty)\supset S$;

(2) 对于任意的 $x \in S$, 存在 x 的邻域 U 和局部坐标 $(z_1, \cdots, z_n)$ 使得在 $S \cap U$ 上, $z_1 = \cdots = z_{n-r} = 0$ 并且

$$\Psi(z) = \log \sum_{j=1}^{n-r} |z_j|^2 + u,$$

其中 u 是 U 上的光滑函数.

注意, 在这个时候, Ψ 的跳跃数 $m_{k+1} = n - r + k$. 对于这样的 Ψ, 应用定理 5.3.1, 我们可以得到如下结论.

定理 5.4.1　设 M 是 Stein 流形, 沿用上面对 $S, \mathcal{I}_S$ 和 Ψ 的假设. 假设 L 是流形 M 上的全纯线丛, h 是线丛 L 上的奇异度量, 在分布意义下, 在 $M \setminus S$ 上, $\sqrt{-1}\Theta_{(L,h)} \geqslant 0$. 那么, 对于 $\mathcal{O}_M(K_M \otimes L) \otimes \mathcal{I}_S^k / \mathcal{I}_S^{k+1}$ 限制在 S 上的任意满足下面可积性条件的全纯截面 f:

$$\int_S |f|_h^2 \mathrm{d}V_M[(n-r+k)\Psi] < +\infty,$$

存在流形 M 上 $K_M \otimes L$ 的全纯截面 F, 使得在 S 上有 $J^k F = J^k f$ 和下面的估计

$$\begin{aligned} &\int_M c_A(-\Psi)|F|_h^2 \mathrm{d}V_M \\ &\leqslant \int_{-A}^{\infty} c_A(t)\mathrm{e}^{-(n-r+k)t}\mathrm{d}t \int_S |f|_h^2 \mathrm{d}V_M[(n-r+k)\Psi]. \end{aligned} \tag{5.4.1}$$

注记 5.4.1　注意, 式(5.3.1) 中定义的测度与文献 [16] 中定义的测度有一定的差别. 如果我们将文献 [16] 中定义的测度表示为 $\mathrm{d}\tilde{V}_M[\Psi]$, 那么式 (5.4.1) 的右边可以写成下面的形式:

$$\frac{1}{n-r} \cdot \frac{\pi^{n-r}}{(n-r)!} \int_S |f|_h^2 \mathrm{d}\tilde{V}_M[(n-r+k)\Psi].$$

显然, 对于 $\mathbb{C}$ 中的单位圆盘和其上的平凡线丛, 定理 5.4.1 中的估计是最优的.

在定理 5.4.1 中, 如果我们进一步假设 $\Psi < 0$, 令 $A = 0$, $c_0(t) = \mathrm{e}^{kt}$, 我们可以得到下面的结果. 这个结果最初是由 Hosono [78] 得到的. 虽然文献 [78] 中仅要求 Ψ 为连续函数, 但是这一困难可以通过对 Ψ 用光滑函数逼近来克服.

推论 5.4.1　沿用与定理 5.4.1 相同的条件和记号, 并且进一步假设 $\Psi < 0$. 那么对于 $\mathcal{O}_M(K_M \otimes L) \otimes \mathcal{I}_S^k / \mathcal{I}_S^{k+1}$ 限制在 S 上的任何满足下面可积性条件的全纯截面 f:

$$\int_S |f|_h^2 \mathrm{d}V_M[(n-r+k)\Psi] < +\infty,$$

存在 $K_M \otimes L$ 在流形 M 上的全纯截面 F, 使得在 S 上有 $J^k F = J^k f$, 且

$$\int_M |F|_h^2 \mathrm{e}^{-k\Psi} \mathrm{d}V_M \leqslant \frac{1}{n-r} \int_S |f|_h^2 \mathrm{d}V_M[(n-r+k)\Psi].$$

在定理 5.3.1 中, 令 $\Psi < 0$ 是满足定理要求的多次调和函数. 如果我们令 $A = 0$, $c_A(t) = \mathrm{e}^{m_k t}$, 那么我们就可以得到下面具有最优估计的 L^2 延拓定理. 此定理可以被看作 Demailly 在文献 [32] 中得到的定理在 Stein 流形下的最优估计版本.

推论 5.4.2 沿用与定理 5.3.1 相同的条件和记号, 并进一步假设 $\Psi < 0$. 那么对于 $Y^{(m_{k+1})}$ 上 $\mathcal{O}_M(K_M \otimes L) \otimes \mathcal{I}'(m_k\Psi)/\mathcal{I}(m_{k+1}\Psi)$ 的任何满足下面可积性条件的全纯截面 f:

$$\int_{Y^{(m_{k+1})}} |f|_h^2 \mathrm{d}V_m[m_{k+1}\Psi] < +\infty,$$

存在 $K_M \otimes L$ 的全纯截面 F, 使得 F 在同态 $\mathcal{I}'(m_k\Psi) \to \mathcal{I}'(m_k\Psi)/\mathcal{I}(m_{k+1}\Psi)$ 下的像就是 f 并且满足估计

$$\int_M |F|_h^2 \mathrm{e}^{-m_k\Psi} \mathrm{d}V_M \leqslant \frac{1}{m_{k+1} - m_k} \int_{Y^{(m_{k+1})}} |f|_h^2 \mathrm{d}V_M[m_{k+1}\Psi]. \tag{5.4.2}$$

注记 5.4.2 在推论 5.4.1中, 我们假设 M 是复平面 $\mathbb{C}$ 上的单位圆盘, $\Psi = \log|z|^2$, $k = 1$. 设 (L, h) 是 M 上的平凡丛, h 是平凡度量. 于是, 推论 5.4.1 相当于仅给出了 F' 的 L^2 范数估计而未给出 F 的 L^2 范数估计.

事实上, 文献 [16] 中的定理 2.2 蕴含了这种类型的延拓定理. 只要假设 $h_1 = h\mathrm{e}^{(-m_{k+1}+1)\Psi}$, $c_A(t) = \mathrm{e}^{(-m_{k+1}+m_k+1)t}$, 并且满足

$$\int_S |f|_{h_1}^2 \mathrm{d}V_M[\Psi] = \int_S |f|_h^2 \mathrm{d}V_M[m_{k+1}\Psi]$$

即可.

可以看到, 在一些情况下, 定理 5.4.1 (包括定理 5.3.1) 不仅估计了 F 的 L^2 范数, 还估计了对应 jet 的 L^2 范数.

作为特别情况, 我们现在分析推论 5.4.1 在一个点处的情况. 这一点与在 $\mathbb{C}^n$ 中区域证明的 L^2-jet 延拓定理 (见 5.3 节) 其实是一样的.

设 D 是 $\mathbb{C}$ 中的平面区域, $z_0 \in D$ 是任意一点. 所谓在 z_0 处的 k-jet, 就是一个函数在这一点的 k 阶 Taylor 展开.

最近, Berndtsson 在文献 [79] 中给出了一个例子. 这个例子说明: 对于 $\mathcal{O}_M/\mathcal{I}_S^k$ 中的元素, 在由各个 jet 单项式的 L^2 范数诱导的度量下, 这种 L^2-jet 延拓一般是不成立的. 更多关于 $\mathcal{O}_M/\mathcal{I}_S^k$ 中元素的 L^2-jet 延拓结果可以参考文献 [77].

2. 高阶导数的 Bergman 核和 Suita 猜想

现在假设 Ω 是一个开 Riemann 曲面并且具有非平凡的 Green 函数 G_Ω. 我们用 κ_Ω 表示 Ω 上全纯 1-形式的 Bergman 核. 我们假设 (V,z) 是 Ω 中的一个坐标卡, 并且定义

$$B_\Omega(z)|\mathrm{d}z|^2 := \kappa_\Omega(z)|_V, \quad B_\Omega(z,\bar{t})\mathrm{d}z\otimes\mathrm{d}\bar{t} := \kappa_\Omega(z,\bar{t})|_V.$$

于是 Ω 的对数容量 (logarithmic capacity) c_β 可以局部定义为

$$c_\beta(z_0) := \exp\left\{\lim_{z\to z_0}(G_\Omega(z,z_0) - \log|z - z(z_0)|)\right\}.$$

注意, $c_\beta(z)|\mathrm{d}z|$ 是可以在 Ω 上整体定义的.

在文献 [36] 中, Suita 提出了下面的猜想: 对于任意的 $z_0\in\Omega$, 都有

$$(c_\beta(z_0))^2 \leqslant \pi B_\Omega(z_0). \tag{5.4.3}$$

Suita 猜想的解决归结于证明一个具有精确估计的 L^2 延拓定理, 而得到这种具有最优估计的 L^2 延拓定理的方法最初出现在朱朗峰、关启安和周向宇的工作之中[38]. 在文献 [38] 中, 他们 3 人引入了用常微分方程确定待定函数的方法. 基于同样的想法, Błocki[39] 在平面区域中得到了 Suita 猜想的不等号部分. 之后, 关启安和周向宇在文献 [80] 中得到了一般开 Riemann 曲面上的 Suita 猜想, 并且在文献 [16] 中完全解决了 Suita 猜想, 即解决了 Suita 猜想中的等号部分: Riemann 曲面 Ω 上存在一点使得不等式 (5.4.3) 取等号的充分必要条件是 Ω 双全纯等价于单位圆盘 (去掉一个可能的内容量为零的闭集).

Bergman 核可以被看作一个满足一定条件的全纯函数或全纯截面取值的极值函数. 除了 Bergman 核之外, Bergman 还引入了考虑全纯函数或全纯截面高阶导数的极值函数.

对于 Riemann 曲面 Ω 上给定的 $z_0\in\Omega$, 我们固定一个以 z_0 为中心的坐标邻域 (V,z). 因为在 z_0 处, $N^*_{\Omega/\{z_0\}}\cong K_\Omega|_{z_0}$, 从而 K_Ω 是 $N^*_{\Omega/\{z_0\}}$ 从 z_0 到 Riemann 曲面 Ω 的自然延拓. 因此, 对于任意的 $f\in H^0(\Omega,K_\Omega)$, f 在 z_0 处的 k-jet 对应于下面的 $(k+1)$ 元组:

$$\left(f_0\mathrm{d}z,\cdots,f_k(\mathrm{d}z)^{k+1}\right)\in\bigoplus_{l=1}^{k+1}\mathrm{Sym}^l(K_\Omega)|_{z_0}.$$

如同通常的记号, 我们用 $A^2(\Omega,K_\Omega)$ 表示 Riemann 曲面 Ω 中所有 L^2 可积的全纯 1-形式. 对于非负整数 k, 我们引入下面的记号:

$$A^2_{z_0,k}(\Omega,K_\Omega) := \{f\in A^2(\Omega,K_\Omega) : J^{k-1}f|_{z_0} = 0\}.$$

为了简单起见, 我们将 $A^2_{z_0,0}(\Omega, K_\Omega)$ 等同于 $A^2(\Omega, K_\Omega)$.

现在我们假设 $f \in H^0(\Omega, K_\Omega)$, 于是 $J^k f$ 关于 z 的局部坐标表示可以写成如下形式:

$$\left(f_0 \mathrm{d}z, \cdots, f_k (\mathrm{d}z)^{k+1}\right).$$

定义 5.4.1 沿用上面的记号, Riemann 曲面 Ω 上在 $z_0 \in \Omega$ 的 k-阶导数的 Bergman 核 $B^{(k)}_\Omega(z_0)$ 的定义为

$$B^{(k)}_\Omega(z_0) = \sup\left\{|f_k(z_0)|^2 : f \in A^2_{z_0,k}(\Omega, K_\Omega), \int_\Omega |f|^2 \leqslant 1\right\}.$$

在上面的定义中, 我们将局部坐标 z 等同于 $x + iy$ 并且约定上面的积分是关于 $\mathrm{d}x\mathrm{d}y$ 的积分. 注意, $B^{(k)}_\Omega$ 是一个张量而不是一个函数. 当 $k = 0$ 时, 我们便可得到通常意义上的 Bergman 核, 即 $B_\Omega(z) = B^{(0)}_\Omega(z)$.

类似于通常的 Bergman 核, 线性泛函

$$l^{(k)}_{z_0} : A^2_{z_0,k}(\Omega, K_\Omega) \to \mathbb{C}, \quad f \mapsto f_k(z_0)$$

是连续线性泛函并且 $\|l^{(k)}_{z_0}\|^2 = B^{(k)}_\Omega(z_0)$.

命题 5.4.1 线性形式

$$l^{(k)}_{z_0} : A^2_{z_0,k}(\Omega, K_\Omega) \to \mathbb{C}$$

$$f \mapsto \tilde{f}_k(z_0)$$

是有界的并且 $||l^{(k)}_{z_0}||^2 = K^{(k)}_\Omega(z_0)$.

证明 我们固定一个以 $z_o \in \Omega$ 为中心的坐标邻域 (V_{z_0}, w), 并且假设 V_{z_0} 包含以 0 为圆心、r 为半径的圆盘 $B(0, r)$. 我们在 $B(0, r)$ 上对 f 进行 Taylor 展开:

$$\tilde{f} = \tilde{f}_k(0) w^k \otimes \mathrm{d}w + \cdots.$$

根据 Cauchy 积分公式, 有

$$\tilde{f}_k(0) = \frac{1}{2\pi\sqrt{-1}} \int_{|w|=r} f(w) \frac{\mathrm{d}w}{w^{k+1}},$$

结合平均值不等式, 我们有

$$|\tilde{f}_k(z_0)|^2 \leqslant \frac{k+1}{2\pi r^{2k+2}} \int_{|w|<r} f \wedge \bar{f} \leqslant \frac{k+1}{2\pi r^{2k+2}} ||f||^2_{L^2(\Omega)}.$$

现在我们假设有两个以 z_0 为中心的坐标邻域 $(V_{z_0,1}, w_1)$ 和 $(V_{z_0,2}, w_2)$, 且两个坐标邻域满足 $V_{z_0,1} \cap V_{z_0,2} \neq \varnothing$. 将这两个坐标邻域之间的坐标变换记作 $w_2 = \phi(w_1)$. 设 f 关于坐标邻域 $(V_{z_0,1}, w_1)$ 和 $(V_{z_0,2}, w_2)$ 的局部坐标表示分别为 $f_{1,i}(\mathrm{d}w_i)^2$ 和 $f_{2,i}(\mathrm{d}w_i)^3$, 选取足够小的 $r_2 > 0$, 使得 r_2 满足

$$B(0, r_2) \subset V_{z_0,2}, \quad B(0, r_2|(\phi^{-1})'(0)|) \subset V_{z_0,1}.$$

于是,

$$f_{k,1} = f_{k,2}(\phi')^{k+1}$$

且

$$|f_{k,2}(0)|^2 \leqslant \frac{k+1}{2\pi r_2^{2k+2}} ||f||^2_{L^2(\Omega)}.$$

根据 Kobe 1/4 定理, 我们有

$$B(0, 1/4r_2|(\phi^{-1})'(0)|) \subset \phi^{-1}(B(0, r_2)).$$

于是, 如果我们选取 $r_1 = 1/4r_2|(\phi^{-1})'(0)|$, 那么根据我们之前的假设, $B(0, 4r_1) \subset V_{z_0,1}$, 并且

$$\frac{|f_{k,1}(0)|^2}{|\phi'(0)|^{2k+2}} \leqslant \frac{k+1}{2\pi(4r_1|\phi'(0)|)^{2k+2}} ||f||^2_{L^2(\Omega)},$$

即

$$|f_{k,1}(0)|^2 \leqslant \frac{k+1}{2\pi(4r_1)^{2k+2}} ||f||^2_{L^2(\Omega)}.$$

因此, 即使 $l_{z_0}^{(k)}$ 的定义依赖于局部坐标的选取, 但 $l_{z_0}^{(k)}$ 的连续性却不依赖于坐标邻域的选取.

最后, 从 $||l_{z_0}^{(k)}||^2$ 的定义就可以得到 $||l_{z_0}^{(k)}||^2 = K_\Omega^{(k)}(z_0)$. □

在文献 [40] 中, Błocki 和 Zwonek 在平面区域中得到了高阶导数的 Bergman 核的下界估计, 具体如下.

定理 5.4.2　设 $D \subset \mathbb{C}$ 是一个具有非平凡 Green 函数的平面区域, $B_D^{(k)}(z)$ 是 D 上的 k-阶导数的 Bergman 核, 于是

$$B_\Omega^{(k)}(z) \geqslant \frac{k+1}{\pi} (c_\beta(z))^{2k+2}, \quad k = 0, 1, 2, \cdots. \tag{5.4.4}$$

不难看出, 如果取 $D = B(0,1)$, 即 $\mathbb{C}$ 上的单位圆盘, 那么在 0 处, 对于任意的非负整数 k 都有

$$B_\Omega^{(k)}(0) = \frac{k+1}{\pi},$$

从而不等式 (5.4.4) 是最优的. 注意, 在 Riemann 曲面的情况中, $B_\Omega^{(k)}$ 和 c_β^{2k+2} 都是同样类型的张量, 所以不等式 (5.4.4) 仍然有意义.

事实上, 下界估计 (5.4.4) 可以看作定理 5.4.1 的一个直接推论.

我们仍然假设 Ω 是一个开 Riemann 曲面, 并且具有非平凡的 Green 函数 G_Ω, $z_0\Omega$ 是 Riemann 曲面 Ω 上的一个点, (V,z) 是一个以 z_0 为中心的坐标邻域. 在定理 5.4.1 中, 令 $c_0(t)=1$, $\Psi=2G_\Omega(\cdot,z_0)$. 正如前面解释的那样, 我们可以将 $(\mathrm{d}z)^k\otimes \mathrm{d}z|_{z_0}\in(\mathrm{Sym}^k(N^*_{\Omega/\{z_0\}})\otimes K_\Omega)_{z_0}\cong(K_\Omega^{k+1})_{z_0}$ 看作 $z^k\otimes\mathrm{d}z|_{z_0}\in J^k(z_0,K_\Omega)=\mathcal{O}_\Omega/\mathcal{I}_{z_0}^{k+1}\otimes K_\Omega|_{z_0}$. 事实上, $z^k\otimes \mathrm{d}z|_{z_0}\in\mathcal{I}_{z_0}^k/\mathcal{I}_{z_0}^{k+1}\otimes K_\Omega|_{z_0}$. 根据对数容量的定义和定理 5.4.1, 在 Ω 上存在全纯 1-形式 F, 且 F 满足 $J^kF|_{z_0}=z^k\mathrm{d}z=(\mathrm{d}z)^{k+1}$ 和下面的可积性条件:

$$\begin{aligned}\int_\Omega\sqrt{-1}F\wedge\bar{F}&\leqslant\frac{1}{k+1}\int_{\{z_0\}}|z^k\mathrm{d}z|^2\mathrm{d}V_\Omega[2(k+1)G_\Omega(\cdot,z_0)]\\&=\frac{2\pi}{(k+1)c_\beta(z_0)^{2k+2}}.\end{aligned}$$

在这里, 体积形式 $\mathrm{d}V_\Omega=\sqrt{-1}\mathrm{d}z\wedge\mathrm{d}\bar{z}$. 因此,

$$B_\Omega^{(k)}(z_0)\geqslant\frac{k+1}{\pi}c_\beta(z_0)^{2k+2}.$$

正如 Suita 猜想对应于不等式 (5.4.4) 中 $k=0$ 的情形那样, 等号在一个点处成立当且仅当 Riemann 曲面 Ω 双全纯等价于单位圆盘 (去掉一个可能的内容量为零的闭集). 自然地, 我们要问: 对于 k 为非负整数的情形, 不等式 (5.4.4) 中等号成立的充分必要条件是什么? 下面将回答这个问题

定理 5.4.3 假设 Ω 是一个 Riemann 曲面并且具有非平凡的 Green 函数, $B_\Omega^{(k)}(z)$ 是 Ω 上 k-阶导数的 Bergman 核, 于是

$$B_\Omega^{(k)}(z)\geqslant\frac{k+1}{\pi}\left(c_\beta(z)\right)^{2k+2},\quad k=0,1,2,\cdots.$$

进一步, 存在非负整数 k 和 $z_0\in\Omega$ 使得 k-阶导数的 Bergman 核在 z_0 处使得上面不等式中等号成立的充分必要条件是: 在 Riemann 曲面 Ω 上存在全纯函数 g 使得在 z_0 点的 Green 函数 $G_\Omega(\cdot,z_0)$ 可以表示为

$$G_\Omega(\cdot,z_0)=\frac{1}{k+1}\log|g|.$$

不难看到, Suita 猜想对应 $k=0$ 的情形. 事实上, 如果存在 $z_0\in\Omega$ 使得

$$\pi B_\Omega^{(0)}(z_0)=c_\beta(z_0)^2,$$

那么在 Riemann 曲面 Ω 上存在全纯函数 g 使得 z_0 点的 Green 函数满足 $G_\Omega(\cdot,z_0)=\log|g|$. 于是, Riemann 曲面 Ω 双全纯等价于单位圆盘 (去掉一个可能的内容量为零的闭集).

不同于通常 Bergman 核的情形, 对于非负整数 $k\geqslant 1$ 的情形, Riemann 曲面 Ω 上存在 $z_0\in\Omega$ 并且 k-阶导数的 Bergman 核在 z_0 处满足

$$B_\Omega^{(k)}(z)\geqslant\frac{k+1}{\pi}\left(c_\beta(z)\right)^{2k+2}.$$

但这并不意味着 Riemann 曲面 Ω 双全纯等价于单位圆盘 (去掉一个可能的内容量为零的闭集), 后面的章节将给出一个反例.

3. Riemann 曲面的一个刚性结果

最近, Dong 和 Treuer 在复平面区域中得到了一个用 Bergman 核刻画的刚性结果, 见文献 [81]. 通过定理 5.4.3, 我们可以将这个刚性结果推广到 Riemann 曲面上, 并且利用高阶 Bergman 核对其进行刻画.

命题 5.4.2　假设 Ω 是一个开 Riemann 曲面, 并且具有非平凡的 Green 函数. 假设 $z_0\in\Omega$ 并且任意选取一个以 z_0 为中心的坐标邻域 (V,z). 如果 ω 上存在全纯函数 f 使得 f 的零点只有 z_0, 并且存在非负整数 k 使得其 k-阶导数的 Bergman 核满足

$$B_\Omega^{(k)}(z_0)=\frac{(k+1)^2|f'(z_0)|^{2k+2}}{\displaystyle\int_\Omega|\mathrm{d}f^{k+1}|^2},\tag{5.4.5}$$

那么 Riemann 曲面 Ω 双全纯等价于单位圆盘 (去掉一个可能的内容量为零的闭集).

4. Bergman-Fock 型延拓定理

在文献 [82] 中, Ohsawa 提出了下面有关 L^2 延拓的问题.

问题 5.4.1　假设函数 ψ 是复平面 $\mathbb{C}$ 上给定的次调和函数并且满足

$$\int_{\mathbb{C}}\mathrm{e}^{-\psi}\mathrm{d}x\mathrm{d}y<\infty.$$

对于复平面 $\mathbb{C}$ 上任意给定的词条和函数 φ, 复平面 $\mathbb{C}$ 上是否存在全纯函数 f 使得

$$f(0)=1$$

并且满足

$$\int_{\mathbb{C}}|f(z)|^2\mathrm{e}^{-\varphi(z)-\psi(z)}\mathrm{d}x\mathrm{d}y\leqslant\mathrm{e}^{-\varphi(0)}\int_{\mathbb{C}}\mathrm{e}^{-\psi}\mathrm{d}x\mathrm{d}y?$$

利用带有最优估计的 L^2 延拓定理, 我们回答上述问题.

推论 5.4.3 假设 ψ 是复平面 $\mathbb{C}$ 上的多次调和函数并且 $\mathrm{i}\partial\bar{\partial}\psi$ 是旋转不变的,

$$\int_{\mathbb{C}} \mathrm{e}^{-\psi}\mathrm{d}x\mathrm{d}y < \infty,$$

那么对于复平面 $\mathbb{C}$ 上的任意次调和函数 φ, 存在复平面 $\mathbb{C}$ 上的全纯函数 f 使得

$$f(0) = 1$$

并且

$$\int_{\mathbb{C}} |f|^2 \mathrm{e}^{-\varphi-\psi}\mathrm{d}x\mathrm{d}y \leqslant \mathrm{e}^{-\varphi(0)} \int_{\mathbb{C}} \mathrm{e}^{-\psi}\mathrm{d}x\mathrm{d}y.$$

5.5 定理 5.3.1 的证明

定理 5.3.1 的证明思想与文献 [16] 中的证明思想类似, 两者的主要不同在于范数的定义.

通过标准的逼近技巧, 我们可以假设流形 M 上的线丛度量 h 是光滑的. 正如文献 [16] 所证明的那样, 我们不妨假设 c_A 是 $[-A, +\infty]$ 上的连续函数并且 $\lim\limits_{t\to+\infty} c_A(t) > 0$. 因为 $\varPsi$ 具有好的解析奇点, 所以 $S := \{\varPsi = -\infty\}$ 是流形 M 中的解析集.

因为 M 是 Stein 流形, 所以 M 上存在一列 Stein 子区域 $\{D_m\}_{m=1}^{\infty}$, 使得对于任意的 $m \in \mathbb{N}$, 有 $D_m \Subset D_{m+1}$ 并且所有这些子区域的并集 $\bigcup\limits_{m=1}^{\infty} D_m = M$. 我们知道 $D_m \setminus S$ 是完备的 Kähler 流形. 在流形 M 上固定一个 Kähler 度量 ω, 并用 $\mathrm{d}V_M$ 表示由 Kähler 度量 ω 诱导的连续体积形式. 根据 Stein 理论, 存在 $\Gamma(M, \mathcal{O}_M(K_M \otimes L) \otimes \mathcal{I}'(m_k\varPsi))$ 中的全纯截面 $\tilde{F}$ 满足在同态 $\mathcal{I}'(m_k\varPsi) \to \mathcal{I}'(m_k\varPsi)/\mathcal{I}(m_{k+1}\varPsi)$ 下将 $\tilde{F}$ 映成 f. 为了简单起见, 我们记 $\tilde{F}|_{\mathcal{O}_M/\mathcal{I}(m_{k+1}\varPsi)} = f$.

现在定义 $\mathbb{R}$ 上的函数 $\{v_{t_0,\varepsilon}\}_{t_0\in\mathbb{R},\varepsilon\in(0,\frac{1}{4})}$:

$$v_{t_0,\varepsilon}(t) := \int_0^t \left(\int_{-\infty}^{t_1} \frac{1}{1-2\varepsilon} \mathbb{I}_{\{-t_0-1+\varepsilon<\tau<-t_0-\varepsilon\}} * \rho_\varepsilon \mathrm{d}\tau \right) \mathrm{d}t_1,$$

其中 $\rho_\varepsilon \in C_c^\infty(\mathbb{R})$ 是满足下面条件的卷积核:

(1) $\operatorname{supp} \rho_\varepsilon \subset \left(-\frac{1}{4}\varepsilon, \frac{1}{4}\varepsilon\right)$;

(2) $\rho_\varepsilon \geqslant 0$;

(3) $\int_{\mathbb{R}} \rho_\varepsilon(t)\mathrm{d}t = 1$.

可以验证, $\{v_{t_0,\varepsilon}\}_{t_0\in\mathbb{R},\varepsilon\in(0,\frac{1}{4})}$ 是 $\mathbb{R}$ 上的增凸函数, 并且满足下面的条件:

(1) 对于任意的 $t\in\mathbb{R}$, $v_{t_0,\varepsilon}(t)\geqslant t$, 且当 $t\geqslant -t_0$ 时, $v_{t_0,\varepsilon}(t)=t$, 当 $t\leqslant -t_0-1$ 时, $v_{t_0,\varepsilon}(t)$ 是关于 t_0 和 ε 的一个常数;

(2) 对于任意的 $t\in\mathbb{R}$ 都有 $0\leqslant v''_{t_0,\varepsilon}(t)\leqslant 2$ 并且当 $\varepsilon\to 0$ 时, 函数列 $v''_{t_0,\varepsilon}(t)$ 逐点收敛于 $\mathbb{I}_{\{-t_0-1<t<-t_0\}}$;

(3) 对于任意的 $t\in\mathbb{R}$ 都有 $0\leqslant v'_{t_0,\varepsilon}(t)\leqslant 1$ 并且当 $\varepsilon\to 0$ 时, 函数列 $v'_{t_0,\varepsilon}(t)$ 和 $v'_{t_0,\varepsilon}(t)$ 分别逐点收敛于 b_{t_0} 和 b'_{t_0}, 其中 b_{t_0} 的定义为

$$b_{t_0}(t):=\int_0^t\left(\int_{-\infty}^{t_1}\mathbb{I}_{\{-t_0-1<\tau<-t_0\}}\mathrm{d}\tau\right)\mathrm{d}t_1.$$

可以验证, b_{t_0} 是定义在 $\mathbb{R}$ 上的 C^1 函数.

令 $s,u\in C^\infty((-A,+\infty))$ 均为 $(-A,+\infty)$ 上待定的光滑实值函数. 我们要求 $s>0$ 并且极限 $\lim\limits_{t\to+\infty}u(t)$ 存在. 假设 $\eta=s(-v_{t_0,\varepsilon}(\varPsi))$, $\phi=u(-v_{t_0,\varepsilon}(\varPsi))$, $\tilde{h}=h\mathrm{e}^{-m_{k+1}\varPsi-\phi}$. 显然, 函数 η 和 ϕ 都是流形 M 上的光滑函数.

设 $g>0$ 是 $D_m\setminus S$ 上的光滑函数. 假设 $\alpha\in\mathcal{D}(D_m\setminus S,\Lambda^{n,1}T_M^*\otimes L)$ 是一个具有紧支集的光滑的 L-值 $(n,1)$-形式. 根据引理 3.3.1, 我们有

$$\begin{aligned}&\|(\eta+g)^{\frac{1}{2}}\bar{\partial}^*\alpha\|^2_{D_m\setminus S,\tilde{h}}+\|\eta^{\frac{1}{2}}\bar{\partial}\alpha\|^2_{D_m\setminus S,\tilde{h}}\\ \geqslant&\langle\langle[\eta\sqrt{-1}\Theta_{\tilde{h}}-\sqrt{-1}\partial\bar{\partial}\eta-\sqrt{-1}g^{-1}\partial\eta\wedge\bar{\partial}\eta,\Lambda_\omega]\alpha,\alpha\rangle\rangle_{D_m\setminus S,\tilde{h}}\\ =&\langle\langle[\eta\sqrt{-1}\Theta_{h\mathrm{e}^{-m_{k+1}\varPsi}}+\eta\sqrt{-1}\partial\bar{\partial}\phi-\sqrt{-1}\partial\bar{\partial}\eta-\sqrt{-1}g^{-1}\partial\eta\wedge\bar{\partial}\eta,\Lambda_\omega]\alpha,\alpha\rangle\rangle_{D_m\setminus S,\tilde{h}}.\end{aligned}$$

通过直接计算, 我们发现

$$\begin{aligned}&\eta\sqrt{-1}\partial\bar{\partial}\phi-\sqrt{-1}\partial\bar{\partial}\eta-\sqrt{-1}g^{-1}\partial\eta\wedge\bar{\partial}\eta\\ =&(s'-su')\sqrt{-1}\partial\bar{\partial}(v_{t_0,\varepsilon}(\varPsi))+(u''s-s''-g^{-1}s'^2)\sqrt{-1}\partial(v_{t_0,\varepsilon}(\varPsi))\wedge\bar{\partial}(v_{t_0,\varepsilon}(\varPsi))\\ =&(s'-su')(v'_{t_0,\varepsilon}(\varPsi)\sqrt{-1}\partial\bar{\partial}\varPsi+v''_{t_0,\varepsilon}(\varPsi)\sqrt{-1}\partial\varPsi\wedge\bar{\partial}\varPsi)+\\ &(u''s-s''-g^{-1}s'^2)\sqrt{-1}\partial(v_{t_0,\varepsilon}(\varPsi))\wedge\bar{\partial}(v_{t_0,\varepsilon}(\varPsi)).\end{aligned}$$

在上面的式子里, 我们省略了 $s'-su'$ 和 $u''s-s''-g^{-1}s'^2$ 中的复合项 $(-v_{t_0,\varepsilon}(\varPsi))$.

假设 $s'-su'\equiv 1$, $u''s-s''>0$, 并且设 g 的形式如下:

$$g=\frac{s'^2}{u''s-s''}\circ(-v_{t_0,\varepsilon}(\varPsi)),$$

那么 g 实际上是流形 M 上的光滑函数. 定义

$$B=[\eta\sqrt{-1}\Theta_{\tilde{h}}-\sqrt{-1}\partial\bar{\partial}\eta-\sqrt{-1}g^{-1}\partial\eta\wedge\bar{\partial}\eta,\Lambda_\omega].$$

因为 $\sqrt{-1}\Theta_h\geqslant 0$, $v'_{t_0,\varepsilon}\geqslant 0$, $\sqrt{-1}\partial\bar{\partial}\Psi\geqslant 0$, 从而

$$\begin{aligned}\langle B\alpha,\alpha\rangle_{\tilde{h}}&\geqslant\langle[v''_{t_0,\varepsilon}(\Psi)\sqrt{-1}\partial\Psi\wedge\bar{\partial}\Psi,\Lambda_\omega]\alpha,\alpha\rangle_{\tilde{h}}\\&=\langle v''_{t_0,\varepsilon}(\Psi)\bar{\partial}\Psi\wedge(\alpha\llcorner(\bar{\partial}\Psi)^\sharp),\alpha\rangle_{\tilde{h}}.\end{aligned}$$

根据缩并的定义, 对于任何 $(n,0)$-形式 γ 和 $(n,1)$-形式 ξ, 都有

$$\begin{aligned}|\langle v''_{t_0,\varepsilon}(\Psi)\bar{\partial}\Psi\wedge\gamma,\xi\rangle_{\tilde{h}}|^2&=|\langle v''_{t_0,\varepsilon}(\Psi)\gamma,\xi\llcorner(\bar{\partial}\Psi)^\sharp\rangle_{\tilde{h}}|^2\\&\leqslant v''_{t_0,\varepsilon}(\Psi)|\gamma|^2_{\tilde{h}}\cdot v''_{t_0,\varepsilon}(\Psi)|\xi\llcorner(\bar{\partial}\Psi)^\sharp|^2_{\tilde{h}}\\&=v''_{t_0,\varepsilon}(\Psi)|\gamma|^2_{\tilde{h}}\cdot\langle v''_{t_0,\varepsilon}(\Psi)\bar{\partial}\Psi\wedge(\xi\llcorner(\bar{\partial}\Psi)^\sharp),\xi\rangle_{\tilde{h}}\\&\leqslant v''_{t_0,\varepsilon}(\Psi)|\gamma|^2_{\tilde{h}}\cdot\langle B\xi,\xi\rangle_{\tilde{h}}.\end{aligned}$$

令 $\lambda=\bar{\partial}[(1-v'_{t_0,\varepsilon}(\Psi))\tilde{F}]=-v''_{t_0,\varepsilon}(\Psi)\bar{\partial}\Psi\wedge\tilde{F}$, $\gamma=\tilde{F}$ 并且 $\xi=B^{-1}\lambda$, 从而

$$\langle B^{-1}\lambda,\lambda\rangle_{\tilde{h}}\leqslant v''_{t_0,\varepsilon}(\Psi)|\tilde{F}|^2_{\tilde{h}},$$

因此

$$\int_{D_m\setminus S}\langle B^{-1}\lambda,\lambda\rangle_{\tilde{h}}\mathrm{d}V_M\leqslant\int_{D_m\setminus S}v''_{t_0,\varepsilon}(\Psi)|\tilde{F}|^2_{\tilde{h}}\mathrm{d}V_M<+\infty.$$

根据引理 3.3.3, $D_m\setminus S$ 上存在 L-值 $(n,0)$-形式 $\gamma_{m,t_0,\varepsilon}$ 使得

$$\bar{\partial}\gamma_{m,t_0,\varepsilon}=\bar{\partial}[(1-v'_{t_0,\varepsilon}(\Psi))\tilde{F}]\tag{5.5.1}$$

并且满足

$$\int_{D_m\setminus S}|\gamma_{m,t_0,\varepsilon}|^2_{\tilde{h}}(\eta+g)^{-1}\mathrm{d}V_M\leqslant\int_{D_m\setminus S}v''_{t_0,\varepsilon}(\Psi)|\tilde{F}|^2_{\tilde{h}}\mathrm{d}V_M.\tag{5.5.2}$$

假设 $U=\{\Psi<-t_0-1\}\cap D_m$, 从而 U 是 $S\cap D_m$ 在 D_m 中的一个邻域. 因为在 U 上, $v''_{t_0,\varepsilon}(\Psi)=0$, 从而 $\bar{\partial}\gamma_{m,t_0,\varepsilon}|_{U\setminus S}=0$. 又因为 Ψ 是上半连续的, 从而 $(\eta+g)\mathrm{e}^{m_{k+1}\Psi+\phi}$ 在 D_m 上是有界的, 进而根据不等式 (5.5.2)可知, $\gamma_{m,t_0,\varepsilon}$ 在 $U\setminus S$ 上是局部 L^2 可积的. 因此, $\gamma_{m,t_0,\varepsilon}$ 作为一个全纯截面可以延拓到 U 上. 我们把延拓后的截面记作 $\tilde{\gamma}_{m,t_0,\varepsilon}$.

令 $F_{m,t_0,\varepsilon} := (1-v'_{t_0,\varepsilon}(\Psi))\tilde{F} - \tilde{\gamma}_{m,t_0,\varepsilon}$. 根据 $\tilde{\gamma}_{m,t_0,\varepsilon}$ 的构造可知 $F_{m,t_0,\varepsilon}$ 是 $K_M \otimes L$ 在 D_m 上的全纯截面. 根据不等式 (5.5.2) 可知, $|\tilde{\gamma}_{m,t_0,\varepsilon}|^2 \mathrm{e}^{-m_{k+1}\Psi}$ 在 U 上是局部可积的.

因为在 U 上 $v'_{t_0,\varepsilon}(\Psi) = 0$ 并且 $\tilde{F}_{m,t_0,\varepsilon} \in \Gamma(D_m, \mathcal{O}_M(K_M \otimes L) \otimes \mathcal{I}'(m_k\Psi))$, 从而

$$F_{m,t_0,\varepsilon} \in \Gamma(D_m, \mathcal{O}_M(K_M \otimes L) \otimes \mathcal{I}'(m_k\Psi)), \tag{5.5.3}$$

$$F_{m,t_0,\varepsilon}|_{\mathcal{O}_M/\mathcal{I}(m_{k+1}\Psi)} = \tilde{F}|_{\mathcal{O}_M/\mathcal{I}(m_{k+1}\Psi)} = f. \tag{5.5.4}$$

如果我们可以选取光滑函数 s 和 u 满足下面的条件:

$$c_A(t) = \left(s + \frac{s'^2}{u''s - s''}\right)^{-1} \mathrm{e}^{m_{k+1}t-u}, \tag{5.5.5}$$

那么就有

$$c_A(-v_{t_0,\varepsilon}(\Psi)) \leqslant (\eta+g)^{-1}\mathrm{e}^{-m_{k+1}v_{t_0,\varepsilon}(\Psi)-\phi}.$$

又因为 $v_{t_0,\varepsilon}(\Psi) \geqslant \Psi$, 所以根据不等式 (5.5.2) 可以得到

$$\int_{D_m\backslash S} |\gamma_{m,t_0,\varepsilon}|_h^2 c_A(-v_{t_0,\varepsilon}(\Psi))\mathrm{d}V_M \leqslant \int_{D_m\backslash S} v''_{t_0,\varepsilon}(\Psi)|\tilde{F}|_h^2 \mathrm{e}^{-m_{k+1}\Psi-\phi}\mathrm{d}V_M.$$

因为 $\phi = u(-v_{t_0,\varepsilon}(\Psi))$, 且对于任意的 $v''_{t_0,\varepsilon} \neq 0$, $v_{t_0,\varepsilon} < -t_0$, 所以

$$\begin{aligned}&\int_{D_m} |F_{m,t_0,\varepsilon} - (1-v'_{t_0,\varepsilon}(\Psi))\tilde{F}|_h^2 c_A(-v_{t_0,\varepsilon}(\Psi))\mathrm{d}V_M\\ \leqslant& \frac{1}{\mathrm{e}^{A_{t_0}}}\int_{D_m} v''_{t_0,\varepsilon}(\Psi)|\tilde{F}|_h^2\mathrm{e}^{-m_{k+1}\Psi}\mathrm{d}V_M,\end{aligned} \tag{5.5.6}$$

其中 $A_{t_0} := \inf\limits_{t\geqslant t_0} u(t)$.

对于给定的 t_0 和 D_m, 显然,

$$\begin{aligned}&\int_{D_m} v''_{t_0,\varepsilon}(\Psi)|\tilde{F}|_h^2\mathrm{e}^{-m_{k+1}\Psi}\mathrm{d}V_M\\ &\leqslant 2\mathrm{e}^{m_{k+1}(t_0+1)}\int_{D_m} \mathbb{I}_{\{-t_0-1<\Psi<-t_0\}}|\tilde{F}|_h^2\mathrm{d}V_M,\end{aligned}$$

那么式 (5.5.6) 不等号右边的一个上界是 C_{m,t_0}, 并且 C_{m,t_0} 与 ε 无关. 因为在 D_m 上, 有 $v_{t_0,\varepsilon}(\Psi) \leqslant \Psi \leqslant \sup\limits_{D_m}\Psi$, 所以我们可以得到

$$\int_{D_m} |F_{m,t_0,\varepsilon} - (1-v'_{t_0,\varepsilon}(\Psi))\tilde{F}|_h^2\mathrm{d}V_M$$

$$\leqslant \frac{C_{m,t_0}}{\inf\{c_A(t): t \geqslant -\sup\limits_{D_m} \Psi\}} < +\infty.$$

另外,

$$\int_{D_m} |(1 - v'_{t_0,\varepsilon}(\Psi))\tilde{F}|_h^2 \mathrm{d}V_M \leqslant \int_{D_m} |\tilde{F}|_h^2 \mathrm{d}V_M < +\infty.$$

由上可知, $\int_{D_m} |F_{m,t_0,\varepsilon}|_h^2 \mathrm{d}V_M$ 有一个与 ε 无关的上界, 那么 $\{F_{m,t_0,\varepsilon}\}_\varepsilon$ 存在一个在 D_m 的任意紧子集上都收敛到全纯截面 $F_{m,t_0} \in \Gamma(D_m, \mathcal{O}_M(K_M \otimes L) \otimes \mathcal{I}'(m_k\Psi))$ 的收敛子列. 显然,

$$F_{m,t_0}|_{\mathcal{O}_M/\mathcal{I}(m_{k+1}\Psi)} = \tilde{F}|_{\mathcal{O}_M/\mathcal{I}(m_{k+1}\Psi)} = f.$$

根据 Fatou 引理、控制收敛定理和不等式 (5.5.6), 我们可以得到

$$\begin{aligned}&\int_{D_m} |F_{m,t_0} - (1 - b'_{t_0}(\Psi))\tilde{F}|_h^2 c_A(-b_{t_0}(\Psi)) \mathrm{d}V_M \\ \leqslant& \frac{1}{\mathrm{e}^{A_{t_0}}} \int_{D_m} \mathbb{I}_{\{-t_0-1<\Psi<-t_0\}} |\tilde{F}|_h^2 \mathrm{e}^{-m_{k+1}\Psi} \mathrm{d}V_M.\end{aligned} \tag{5.5.7}$$

根据 $\mathrm{d}V_M[m_{k+1}\Psi]$ 的定义可知

$$\begin{aligned}&\limsup_{t_0\to+\infty} \int_{D_m} \mathbb{I}_{\{-t_0-1<\Psi<-t_0\}} |\tilde{F}|_h^2 \mathrm{e}^{-m_{k+1}\Psi} \mathrm{d}V_M \\ =& \limsup_{t_0\to+\infty} \int_M \mathbb{I}_{D_m} \mathbb{I}_{\{-t_0-1<\Psi<-t_0\}} |\tilde{F}|_h^2 \mathrm{e}^{-m_{k+1}\Psi} \mathrm{d}V_M \\ \leqslant& \int_{Y^{(m_{k+1})}} |f|_h^2 \mathrm{d}V_M[m_{k+1}\Psi] < +\infty.\end{aligned}$$

因为极限 $\lim\limits_{t_0\to+\infty} A_{t_0} = \lim\limits_{t\to+\infty} u(t)$ 存在, 并且 $c_A(-b_{t_0}(\Psi))$ 在集合 D_m 上有下界, 从而根据不等式 (5.5.7) 得知

$$\int_{D_m} |F_{m,t_0} - (1 - b'_{t_0}(\Psi))\tilde{F}|_h^2 \mathrm{d}V_M$$

有一个不依赖于 t_0 的一致上界. 又因为

$$\int_{D_m} |(1 - b'_{t_0}(\Psi))\tilde{F}|_h^2 \mathrm{d}V_M \leqslant \int_{D_m} |\tilde{F}|_h^2 \mathrm{d}V_M < +\infty,$$

所以 $\int_{D_m} |F_{m,t_0}|_h^2 \mathrm{d}V_M$ 有一个不依赖于 t_0 的一致上界. 因此, $\{F_{m,t_0}\}_{t_0}$ 存在一个在 D_m 的任意紧子集上都一致收敛于一个全纯截面 $F_m \in \Gamma(D_m, \mathcal{O}_M(K_M \otimes L) \otimes \mathcal{I}'(m_k\Psi))$ 的子列. 显然

$$F_m|_{\mathcal{O}_M/\mathcal{I}(m_{k+1}\Psi)} = \tilde{F}|_{\mathcal{O}_M/\mathcal{I}(m_{k+1}\Psi)} = f.$$

再次利用 Fatou 引理和不等式 (5.5.7), 可得

$$\int_{D_m} |F_m|_h^2 c_A(-\Psi)\mathrm{d}V_M \leqslant \exp\left(-\lim_{t\to+\infty} u(t)\right)\int_{Y^{(m_{k+1})}} |f|_h^2 \mathrm{d}V_M[m_{k+1}\Psi]. \tag{5.5.8}$$

根据我们的假设, c_A 在 $[-A,\infty]$ 上连续并且极限 $\lim\limits_{t\to\infty} c_A(t) > 0$. 于是 $c_A(-\Psi)$ 在 M 的每一个紧子集上都有正下界. 利用对角线法, 我们可以找到一个全纯截面 $F \in \Gamma(M, \mathcal{O}_M(K_M \otimes L) \otimes \mathcal{I}'(m_k\Psi))$ 并且满足

$$F|_{\mathcal{O}_M/\mathcal{I}(m_{k+1}\Psi)} = \tilde{F}|_{\mathcal{O}_M/\mathcal{I}(m_{k+1}\Psi)} = f \tag{5.5.9}$$

和

$$\int_M |F|_h^2 c_A(-\Psi)\mathrm{d}V_M \leqslant \exp\left(-\lim_{t\to+\infty} u(t)\right)\int_{Y^{(m_{k+1})}} |f|_h^2 \mathrm{d}V_M[m_{k+1}\Psi]. \tag{5.5.10}$$

下面我们来确定上面证明中所需要的光滑函数 $s, u \in C^\infty((-A,+\infty))$. 我们对光滑函数 s 和 u 的要求归结于下面的常微分方程组:

$$\begin{cases} \left(s + \dfrac{s'^2}{u''s - s''}\right)\mathrm{e}^{u - m_{k+1}t} = \dfrac{1}{c_A(t)}, \\ s' - su' = 1, \end{cases} \tag{5.5.11}$$

其中 $s > 0$, $u''s - s'' > 0$ 并且极限 $\lim\limits_{t\to+\infty} u(t)$ 存在. 通过解方程组 (5.5.11), 有

$$u = -\log\left(\int_{-A}^t c_A(\tau)\mathrm{e}^{-m_{k+1}\tau}\mathrm{d}\tau\right), \quad s = \frac{\displaystyle\int_{-A}^t \left(\int_{-A}^{t_1} c_A(\tau)\mathrm{e}^{-m_{k+1}\tau}\mathrm{d}\tau\right)\mathrm{d}t_1}{\displaystyle\int_{-A}^t c_A(\tau)\mathrm{e}^{-m_{k+1}\tau}\mathrm{d}\tau}.$$

可以验证 $s, u \in C^\infty((-A,+\infty))$, $s > 0$ 并且 $u' < 0$. 我们对 $c_A(t)$ 的要求实际上等价于 $s' > 0$, 于是

$$su'' - s'' = -s'u' > 0.$$

因为

$$\lim_{t\to+\infty} u(t) = -\log\left(\int_{-A}^{+\infty} c_A(\tau)\mathrm{e}^{-m_{k+1}\tau}\mathrm{d}\tau\right),$$

从而我们完成了证明.

5.6 主要推论的证明

1. 高阶导数的 Bergman 核与 Green 函数

在文献 [83] 中, Burbea 得到了高阶导数的 Bergman 核 $B_\Omega^{(k)}$ 之间的关系.

命题 5.6.1 (参考文献 [83]) 假设 Ω 是一个 Riemann 曲面并且具有非平凡的 Green 函数. 给定 $z_0 \in \Omega$, 令 (V, z) 是 z_0 的一个局部坐标邻域. 于是对于任意非负整数 $k \geqslant 0$, 有

$$(k!)^2 B_\Omega^{(k)}(z_0) = J_k(z_0)/J_{k-1}(z_0),$$

其中 $J_{-1} = 1$,

$$J_k(z) = \det\left(\frac{\partial^{j+l}}{\partial z^j \partial \bar{z}^l} B_\Omega(z)\right)_{j,l=0}^k.$$

定义 5.6.1 假设 Ω 是一个 Riemann 曲面并且具有非平凡的 Green 函数, $z_0 \in \Omega$ 是一个 Ω 上给定的点, (V, z) 是 z_0 的一个局部坐标邻域, z_0 处的解析容量 (analytic capacity) c_B 的定义为

$$c_B(z_0) = \frac{1}{\min\limits_{f \in \mathscr{A}_{z_0}} \sup\limits_{z \in \Omega} |f(z)|},$$

其中 $\mathscr{A}_{z_0}$ 是 Riemann 曲面 Ω 上满足条件 $f|_{z_0} = 0$ 和 $\mathrm{d}f|_{z_0} = \mathrm{d}z$ 的全纯函数 f 的集合.

命题 5.6.2 假设 $c_\beta(z_0) \geqslant c_B(z_0)$. 如果进一步假设 Riemann 曲面 Ω 上存在全纯函数 g 使得 z_0 处的 Green 函数满足 $G_\Omega(z, z_0) = \log|g(z)|$, 那么 $c_\beta(z_0) = c_B(z_0)$.

证明 从解析容量和对数容量的定义可以看到, $c_\beta \geqslant c_B$.

我们假设 $z_0 \in \Omega$, 并且固定 z_0 的一个坐标邻域 (V_{z_0}, w) 使得 $w(z_0) = 0$.

我们用 $\mathscr{A}_{z_0}$ 表示 Riemann 曲面 Ω 上满足 $f|_{z_0} = 0, \mathrm{d}f|_{z_0} = \mathrm{d}w$ 的全纯函数. 考虑集合

$$\mathscr{A}_{z_0}^M = \mathscr{A}_{z_0} \cap \{f \in \mathcal{O}(\Omega), |f| \leqslant M\}.$$

因为 $|g(z)| = \exp\{G(z, z_0)\}$, 所以 $\mathscr{A}_{z_0}^M$ 是非空的.

因为 $\mathscr{A}_{z_0}^M$ 是正规族, 从而存在全纯函数 $f_1 \in \mathscr{A}_{z_0}$, 使得

$$\sup_{z \in \Omega} |f_1| = \min_{f \in \mathscr{A}_{z_0}} \sup_{z \in \Omega} |f(z)|,$$

即对于任意的 $z \in \Omega$, 都有 $|f_1(z)| c_B(z_0) < 1$. 注意, $\log(|f_1(z)| c_B(z_0)) - \log|w(z)|$ 在集合 V_{z_0} 上是局部有限的, 所以根据 Green 函数的极值性,

$$G_\Omega(z, z_0) = \sup\{u(z) : u \leqslant 0 \text{ 并且} u - \log|w| \text{ 在} z_0 \text{ 附近局部有有限上界}\}, \tag{5.6.1}$$

我们有 $\log|f_1(z)|c_B(z_0) \leqslant G(z,z_0)$, 于是

$$\lim_{z\to z_0}(\log(|f_1(z)|c_B(z_0)) - \log|w(z)|) \leqslant \lim_{z\to z_0}(G(z,z_0) - \log|w(z)|). \tag{5.6.2}$$

因为 $\mathrm{d}f_1|_{z_0} = \mathrm{d}w$, 所以 $\lim\limits_{z\to z_0}(\log(|f_1(z)| - \log|w(z)|) = 0$. 于是从不等式 (5.6.2) 可知 $c_B(z_0) \leqslant \lim\limits_{z\to z_0}(G(z,z_0) - \log|w(z)|) = c_\beta(z_0)$.

我们下面来证明: 如果曲面 Ω 上存在全纯函数 g 使得 z_0 处的 Green 函数满足 $G_\Omega(z, z_0) = \log|g(z)|$, 那么 $c_\beta(z_0) = c_B(z_0)$.

假设在 Riemann 曲面 Ω 上存在全纯函数 g 满足 $|g(z)| = \exp\{G(z,z_0)\}$. 因为 $\sup\limits_{z\in\Omega}|f_1| = \min\limits_{f\in\mathscr{A}_{z_0}}\sup\limits_{z\in\Omega}|f(z)|$, 所以 $\sup|f_1(z)| \leqslant \sup\dfrac{|g(z)|}{|g'(z_0)|}$, 进而

$$\log|f_1||g'(z_0)| \leqslant 0, \tag{5.6.3}$$

其中 $g'(z_0) = \dfrac{\mathrm{d}g}{\mathrm{d}w}|_{z_0}$.

因为 $\log|f_1(z)||g'(z_0)| - \log|w(z)|$ 在 z_0 附近局部有有限上界, 于是根据 Green 函数的极值性可知, $\log|f_1||g'(z_0)| \leqslant G(z,z_0) = \log|g|$.

注意,

$$\lim_{z\to z_0}\log(|f_1(z)||g'(z_0)| - \log|w(z)|) = \log|g'(z_0)| = \lim_{z\to z_0}(\log|g(z)| - \log|w(z)|),$$

从而

$$\lim_{z\to z_0}(\log|f_1(z)||g'(z_0)| - \log|g(z)|) = 0,$$

进而

$$\lim_{z\to z_0}(\log|f_1(z)||g'(z_0)| - G(z,z_0)) = 0.$$

根据不等式 (5.6.3), 可知 $\log(|f_1(z)||g'(z_0)|) - G(z,z_0)$ 是 Riemann 曲面 Ω 上的负次调和函数.

对 $\log(|f_1(z)||g'(z_0)|) - G(z,z_0)$ 应用最大模原理, 因为

$$\lim_{z\to z_0}(\log|f_1(z)||g'(z_0)| - G(z,z_0)) = 0,$$

所以

$$\log|f_1(z)||g'(z_0)| - G(z,z_0) = 0,$$

即

$$|f_1||g'(z_0)| = |g|.$$

于是

$$c_B(z_0) = \frac{1}{\sup\limits_{z\in\Omega}|f_1|} = \frac{|g'(z_0)|}{\sup\limits_{z\in\Omega}|g(z)|} = |g'(z_0)|.$$

因为 $c_\beta(z_0) := \exp\{\lim\limits_{z\to z_0}(G(z,z_0) - \log|w(z)|)\} = \exp\{\lim\limits_{z\to z_0}(\log|g(z)| - \log|w(z)|)\} = |g'(z_0)| = c_B(z_0)$, 所以 $c_\beta(z_0) = c_B(z_0)$. □

注记 5.6.1 在文献 [36] 中, Suita 实际上已经证明了对于通常意义上的 Bergman 核 B_Ω, 如果在点 $z_0 \in \Omega$ 处有

$$\pi B_\Omega(z_0) = (c_B(z_0))^2,$$

那么在 Ω 上就存在全纯函数 g 使得在 z_0 处的 Green 函数满足

$$G_\Omega(z,z_0) = \log|g(z)|$$

并且 $\mathrm{d}g$ 是满足 $\mathrm{d}g|_{z_0} = c_B(z_0)(=c_\beta(z_0))$ 的极小 L^2 延拓. 于是, 根据文献 [61] 中的定理 2 和 $G_\Omega(z,z_0) - \log|z|$ 有一个单值调和共轭函数的事实, 可知 Ω 双全纯等价于单位圆盘 (去掉一个可能的内容量为零的闭集).

根据命题 5.6.2、定理 5.4.3 和文献 [61] 中的定理 1, 如果存在全纯函数 g 使得 z_0 点的 Green 函数满足 $G_\Omega = \log|g|$, 那么 $\mathrm{d}g$ 就是满足 $\mathrm{d}g|_{z_0} = c_B(z_0)(=c_\beta(z_0))$ 的极小 L^2 延拓. 因为只需要证明对于某一点 $z_0 \in \Omega$, 存在 Ω 上的全纯函数 g, 使得 z_0 处的 Green 函数可以写成 $G_\Omega = \log|g|$, 那么就可以证明 Ω 双全纯等价于单位圆盘 (去掉一个可能的内容量为零的闭集).

注记 5.6.2 我们依然假设 Ω 是一个 Riemann 曲面并且具有非平凡的 Green 函数 G_Ω. 对于 $z_0 \in \Omega$, 固定 z_0 的一个坐标邻域 (V,z), 定义

$$c_D(z_0) = \sup\left\{|f'(z_0)| : f \in \mathcal{O}(\Omega), \int_\Omega |\mathrm{d}f|^2 \leqslant \pi\right\}.$$

根据文献 [61] 中的定理 1, 可知解析容量和对数容量相等, 即 $c_B(z_0) \geqslant c_D(z_0)$. 现在假设存在全纯函数 g 使得 z_0 点的 Green 函数满足 $G_\Omega = \log|g|$. 根据命题 2.8.3, 我们有 $\int_\Omega |\mathrm{d}g|^2 = \pi$, 并且 $c_D(z_0) \geqslant |g'(z_0)| = c_\beta(z_0)$. 因此在这种情况下,

$$c_B(z_0) = c_D(z_0) = c_\beta(z_0).$$

再次根据文献 [61] 中的定理 2, 因为 $g = \mathrm{e}^{G+\mathrm{i}H}$ 是在 Ω 上定义好的全纯函数, 所以 Ω 双全纯等价于单位圆盘 (去掉一个可能的内容量为零的闭集).

因此, 证明 Suita 猜想的关键步骤就是找到使得 z_0 点处 Green 函数满足 $G_\Omega = \log|g|$ 的全纯函数 g.

2. 定理 5.4.3 的证明

此部分关于定理 5.4.3 的证明类似于文献 [16] 中的证明, 区别就是本部分采用了 jet 范数. 我们约定 $\Omega \subset \mathbb{C}$ 是一个平面区域, $z_0 \in \Omega$ 是一个任取的点, V_{z_0} 是 z_0 的一个邻域.

引理 5.6.1 (参考文献 [16] 中的引理 4.16)　给定 $0 < r_3 < r_2 < r_1 < +\infty$, 假设 $d_1(t)$ 和 $d_2(t)$ 是 $(0, +\infty)$ 上的正光滑函数, 两个函数在 $(0, r_3) \cup (r_1, +\infty)$ 上满足

$$d_1(t) = d_2(t),$$

在 (r_3, r_2) 上满足

$$d_1(t) < d_2(t),$$

在 (r_2, r_1) 上满足

$$d_1(t) > d_2(t),$$

且有

$$\int_0^\infty d_1(t)\mathrm{e}^{-(k+1)t}\mathrm{d}t = \int_0^\infty d_2(t)\mathrm{e}^{-(k+1)t}\mathrm{d}t < +\infty.$$

记 $D = \{z \in \mathbb{C} : \log|z|^2 < -r_3\}$. 假设 f 是 $\overline{D}$ 上的全纯函数并且满足 $f(0) = \cdots = f^{(k-1)}(0) = 0$ 和 $f^{(k)}(0) = a \neq 0$, 那么

$$\int_D d_1(-\log|z|^2)|f|^2\mathrm{d}\lambda \leqslant \int_D d_2(-\log|z|^2)|f|^2\mathrm{d}\lambda.$$

这里 $\mathrm{d}\lambda$ 是复平面 $\mathbb{C}$ 上的 Lebesgue 测度. 进一步, 上面不等式的等号成立当且仅当在 D 上,

$$f(z) \equiv az^k/k!.$$

证明　设 f 在 0 处的 Taylor 展开是

$$f(z) = \sum_{j=k}^\infty a_j z^j.$$

因为当 $k_1 \neq k_2$ 时,

$$\int_\Delta d_1(-\ln(|z|^2))z^{k_1}\bar{z}^{k_2}\mathrm{d}\lambda = 0,$$

所以

$$\begin{aligned}\int_\Delta d_1(-\ln(|z|^2))|f|^2\mathrm{d}\lambda &= \int_\Delta \sum_{j=k}^{\infty} d_1(-\ln(|z|^2))|a_j|^2|z|^{2j}\mathrm{d}\lambda \\ &= \pi\sum_{j=k}^{\infty}|a_j|^2\int_0^{+\infty} d_1(t)\mathrm{e}^{-jt}\mathrm{e}^{-t}\mathrm{d}t,\end{aligned} \tag{5.6.4}$$

$$\begin{aligned}\int_\Delta d_2(-\ln(|z|^2))|f|^2\mathrm{d}\lambda &= \int_\Delta \sum_{j=k}^{\infty} d_2(-\ln(|z|^2))|a_j|^2|z|^{2j}\mathrm{d}\lambda \\ &= \pi\sum_{j=k}^{\infty}|a_j|^2\int_0^{+\infty} d_2(t)\mathrm{e}^{-jt}\mathrm{e}^{-t}\mathrm{d}t.\end{aligned} \tag{5.6.5}$$

因为

$$\int_0^{+\infty} d_1(t)\mathrm{e}^{-(k+1)t}\mathrm{d}t = \int_0^{+\infty} d_2(t)\mathrm{e}^{-(k+1)t}\mathrm{d}t < \infty,$$

$$d_1(t)|_{\{r_2<t<r_1\}} > d_2(t)|_{\{r_2<t<r_1\}},$$

$$d_1(t)|_{\{r_3<t<r_2\}} < d_2(t)|_{\{r_3<t<r_2\}},$$

所以对于任意的 $j \geqslant 1$ 都有

$$\begin{aligned}\int_{r_3}^{r_2}(d_2(t)-d_1(t))\mathrm{e}^{-jt}\mathrm{e}^{-(k+1)t}\mathrm{d}t &> \int_{r_3}^{r_2}(d_2(t)-d_1(t))\mathrm{e}^{-jr_2}\mathrm{e}^{-(k+1)t}\mathrm{d}t \\ &= \int_{r_2}^{r_1}(d_1(t)-d_2(t))\mathrm{e}^{-jr_2}\mathrm{e}^{-(k+1)t}\mathrm{d}t \\ &> \int_{r_2}^{r_1}(d_1(t)-d_2(t))\mathrm{e}^{-jt}\mathrm{e}^{-(k+1)t}\mathrm{d}t,\end{aligned} \tag{5.6.6}$$

即

$$\int_{r_3}^{r_1} d_1(t)\mathrm{e}^{-jt}\mathrm{e}^{-(k+1)t}\mathrm{d}t < \int_{r_3}^{r_1} d_2(t)\mathrm{e}^{-jt}\mathrm{e}^{-(k+1)t}\mathrm{d}t.$$

因为

$$d_1(t)|_{\{t>r_1\}\cup\{t<r_3\}} = d_2(t)|_{\{t>r_1\}\cup\{t<r_3\}},$$

所以对于任意的 $j \geqslant 1$,

$$\int_0^{+\infty} d_1(t)\mathrm{e}^{-jt}\mathrm{e}^{-(k+1)t}\mathrm{d}t < \int_0^{+\infty} d_2(t)\mathrm{e}^{-jt}\mathrm{e}^{-(k+1)t}\mathrm{d}t.$$

上面不等式的等号成立当且仅当对于所有的 $j \geqslant k+1$, $a_j = 0$, 即 $f(z) = az^k$. □

下面命题的证明与关启安和周向宇在文献 [16] 中的证明类似.

命题 5.6.3 (参考文献 [16] 中的引理 4.17)　假设区域 Ω 上存在一个负的次调和函数 Ψ, 使得存在 z_0 处的局部坐标 w 满足 $w(z_0)=0$, $\Psi|_{V_{z_0}}=\ln|w|^2$ 并且 $\Psi|_{\Omega\setminus V_{z_0}}\geqslant\sup\limits_{z\in V_{z_0}}\Psi(z)$. 令 $d_1(t)$ 和 $d_2(t)$ 是满足引理 5.6.1 中条件的两个函数. 假设 $\{\Psi<-r_3+1\}\subset\subset V_{z_0}$ 是一个圆盘. 令 F 是一个全纯 (1,0) 形式, 并且在 z_0 处有 k 阶零点, 那么

$$\int_\Omega d_1(-\Psi)\sqrt{-1}F\wedge\bar{F}\leqslant\int_\Omega d_2(-\Psi)\sqrt{-1}F\wedge\bar{F}<+\infty,$$

上述不等式的等号成立当且仅当 F 在 V_{z_0} 上满足 $F|_{V_{z_0}}=bw^k$.

证明　因为

$$\begin{aligned}&\int_\Omega d_1(-\Psi)\sqrt{-1}F\wedge\bar{F}\\=&\int_{\{\log|w|^2<-r_3+1\}}d_1(-\Psi)\sqrt{-1}|F|^2\mathrm{d}w\wedge\mathrm{d}\bar{w}+\int_{\Omega\setminus\{\log|w|^2<-r_3+1\}}d_1(-\Psi)\sqrt{-1}F\wedge\bar{F},\end{aligned}\tag{5.6.7}$$

$$\begin{aligned}&\int_\Omega d_2(-\Psi)\sqrt{-1}F\wedge\bar{F}\\=&\int_{\{\log|w|^2<-r_3+1\}}d_2(-\Psi)\sqrt{-1}|F|^2\mathrm{d}w\wedge\mathrm{d}\bar{w}+\int_{\Omega\setminus\{\log|w|^2<-r_3+1\}}d_2(-\Psi)\sqrt{-1}F\wedge\bar{F},\end{aligned}\tag{5.6.8}$$

注意, $-\Psi|_{\Omega\setminus\{\log|w|^2<-r_3+1\}}<r_3-1$, 所以在 $\Omega\setminus\{\log|w|^2<-r_3+1\}$ 中, 有 $d_1(-\Psi)=d_2(-\Psi)$ 和

$$\int_{\Omega\setminus\{\log|w|^2<-r_3+1\}}d_1(-\Psi)\sqrt{-1}F\wedge\bar{F}=\int_{\Omega\setminus\{\log|w|^2<-r_3+1\}}d_2(-\Psi)\sqrt{-1}F\wedge\bar{F}.$$

应用引理 5.6.1 即可得证. □

应用同样的方法, 我们也可以证明下面的结果.

命题 5.6.4 (参考文献 [16] 中的引理 4.21)　令 $\Omega\subset\mathbb{C}$ 是一个平面区域并且有非平凡的 Green 函数 G_Ω. 令 $z_0\in\Omega$, V_{z_0} 是 z_0 的一个邻域, 并且存在局部坐标 w 使得 $w(z_0)=0$, $G_\Omega|_{V_{z_0}}=\log|w|$. 假设 Ω 上存在唯一一个在 z_0 处有 k 阶零点的全纯函数 F, 且 F 在 z_0 处关于 w 的 Taylor 展开的第一项是 bw^k, 其中 $b\in\mathbb{C}$ 是一个常数, 满足

$$\int_\Omega\sqrt{-1}F\wedge\bar{F}\leqslant\frac{\pi}{k+1}\int_{z_0}|bw^k|^2\mathrm{d}V_\Omega[2(k+1)G(z,z_0)],$$

那么 $F|_{V_{z_0}} = bw^k$.

证明 我们断言

$$\int_\Omega \sqrt{-1}F \wedge \overline{F} = \frac{\pi}{k+1}\int_{z_0} \left|bw^k\right|^2 \mathrm{d}V_\Omega \left[2(k+1)G\left(z, z_0\right)\right].$$

如若不然, 对于 z_0 附近一个不同的点 z_1, 令 $c_A(t) \equiv 1$, $\varPsi := 2G_\Omega\left(\cdot, z_0\right) + 2G_\Omega\left(\cdot, z_1\right)$, 那么根据定理 5.4.1, 存在全纯函数 F_1 使得 F_1 在 z_0 处的 Taylor 展开的最低次项是 bw^k, 在 z_1 处的 Taylor 展开的前 $k+1$ 项是 0, 并且有

$$\int_\Omega \sqrt{-1}F_1 \wedge \overline{F}_1 \leqslant \frac{\pi}{k+1}\int_{z_0} \left|bw^k\right|^2 \mathrm{d}V_\Omega \left[2(k+1)G_\Omega\left(\cdot, z_0\right) + 2(k+1)G_\Omega\left(\cdot, z_2\right)\right] < \infty.$$

因此, 根据

$$A(t) = \int_\Omega |(1-t)F + tF_1|^2$$

的连续性, 存在 t_0 使得

$$A(t_0) < \frac{\pi}{k+1}\int_{z_0} \left|bw^k\right|^2 \mathrm{d}V_\Omega \left[2(k+1)G\left(z, z_0\right)\right].$$

这与 F 的唯一性矛盾.

令 $\varPsi := 2G_\Omega(\cdot, z_0)$. 选取足够大的 r_3, 使得 $\{\varPsi < -r_3\} \subset\subset \{\varPsi < -r_3 + 1\} \subset\subset V_{z_0}$, 并且假设 $\{\varPsi < -r_3 + 1\}$ 是一个圆盘.

令 $d_1(t) = 1$, 选取满足引理 5.6.1 条件的 $d_2(t)$, 并且 $d_2(t)\mathrm{e}^{-(k+1)t}$ 是 t 的减函数.

应用定理 5.4.1可知, 存在一个 Ω 上的全纯函数 F_1, 满足 F_1 在 z_0 处关于 w 的 Taylor 展开的最低次是 bw^k 并且

$$\int_\Omega d_2(-\varPsi)\sqrt{-1}F_1 \wedge \bar{F}_1 \leqslant \frac{\pi}{k+1}\int_{z_0} |bw^k|^2 \mathrm{d}V_\Omega[\varPsi].$$

应用引理 5.6.1, 有

$$\int_\Omega \sqrt{-1}F_1 \wedge \bar{F}_1 \leqslant \int_\Omega d_2(-\varPsi)\sqrt{-1}F_1 \wedge \bar{F}_1,$$

因此

$$\int_\Omega \sqrt{-1}F_1 \wedge \bar{F}_1 \leqslant \frac{\pi}{k+1}\int_{z_0} |bw^k|^2 \mathrm{d}V_\Omega[\varPsi].$$

因为我们假设 F 是唯一的, 根据上面的注记, 我们有 $F_1 = F$ 并且

$$\int_\Omega d_1(-\varPsi)\sqrt{-1}F_1 \wedge \bar{F}_1 = \int_\Omega d_2(-\varPsi)\sqrt{-1}F_1 \wedge \bar{F}_1,$$

应用命题 5.6.3可知, $F_1|_{V_{z_0}} = F|_{V_{z_0}} = w^k$. □

上面的结果可以推广到 Riemann 曲面上.

引理 5.6.2　令 Ω 是一个 Riemann 曲面并且具有非平凡的 Green 函数 G_Ω. 设 $z_0 \in \Omega$, 并且固定 z_0 的一个满足 $w(z_0)=0$ 的坐标邻域 (V,w), 使得 $G_\Omega(\cdot,z_0)|_V=\log|w|$. 假设在 Riemann 曲面 Ω 上存在唯一的全纯 1-形式 F 使得

$$J^kF|_{z_0}=bw^k\mathrm{d}w=b(\mathrm{d}w)^{k+1},$$

其中 $b\in\mathbb{C}$ 是一个非零常数并且

$$\int_\Omega\sqrt{-1}F\wedge\bar{F}\leqslant\frac{1}{k+1}\int_{\{z_0\}}|bw^k\mathrm{d}w|^2\mathrm{d}V_\Omega[2(k+1)G_\Omega(\cdot,z_0)],$$

那么 $F|_V\equiv bw^k\mathrm{d}w$.

证明　为了简单起见, 我们记

$$C:=\frac{1}{k+1}\int_{\{z_0\}}\left|bw^k\mathrm{d}w\right|^2\mathrm{d}V_\Omega[2(k+1)G_\Omega(\cdot,z_0)].$$

我们判定 $\int_\Omega\sqrt{-1}F\wedge\bar{F}=C$. 选取 $z_1\neq z_0$, 令 $\Phi=2G_\Omega(\cdot,z_0)+2G_\Omega(\cdot,z_1)$ 并且 $c_A(t)\equiv 1$. 在定理 5.4.1 中, 存在全纯 1-形式 F_0 使得 $J^kF_0|_{z_0}=0$, $J^kF_0|_{z_1}\neq 0$ 并且

$$\int_\Omega\sqrt{-1}F_0\wedge\bar{F}_0<+\infty.$$

如果 $\int_\Omega\sqrt{-1}F\wedge\bar{F}<C$, 那么 $J^k(F+\varepsilon F_0)|_{z_0}=bw^k\mathrm{d}w$, 并且对于任意的 $0<\varepsilon\ll 1$ 有

$$\int_\Omega\sqrt{-1}(F+\varepsilon F_0)\wedge\overline{(F+\varepsilon F_0)}<C.$$

因为 $F_0\not\equiv 0$, 所以这与 F 的唯一性矛盾.

令 $\Psi:=2G_\Omega(\cdot,z_0)$. 选取 $r_3\gg 1$ 使得集合 $D:=\{\Psi<-r_3+1\}\Subset V$, 于是 D 是 $\mathbb{C}_w$ 中的一个圆盘. 令 $d_1(t)\equiv 1$. 选取常数 $r_3<r_2<r_1<+\infty$ 和光滑函数 $d_2\in C^\infty(0,+\infty)$, 且该函数满足引理 5.6.1 中的条件, 同时 $d_2(t)\mathrm{e}^{-(k+1)t}$ 在 $(0,+\infty)$ 上是递减的.

应用定理 5.4.1可知, Riemann 曲面 Ω 上存在全纯 1-形式 F_1 使得 $J^kF_1|_{z_0}=bw^k\mathrm{d}w=b(\mathrm{d}w)^{k+1}$ 并且满足

$$\int_\Omega d_2(-\Psi)\sqrt{-1}F_1\wedge\bar{F}_1\leqslant\frac{1}{k+1}\int_{\{z_0\}}\left|bw^k\mathrm{d}w\right|^2\mathrm{d}V_\Omega[(k+1)\Psi]=C.$$

注意, 在 $\Omega\backslash D$ 上, $d_1(-\Psi)=d_2(-\Psi)=1$. 根据引理 5.6.1, 有

$$\int_\Omega \sqrt{-1}F_1\wedge\bar{F_1}\leqslant\int_\Omega d_2(-\Psi)\sqrt{-1}F_1\wedge\bar{F_1}\leqslant C.$$

又因为 F 的唯一性, 我们得知 $F\equiv F_1$ 并且

$$\int_\Omega d_1(-\Psi)\sqrt{-1}F\wedge\bar{F}=\int_\Omega d_2(-\Psi)\sqrt{-1}F\wedge\bar{F}=C.$$

再次根据引理 5.6.1, 可知 $F|_V\equiv bw^kdw$. □

下面的引理说明了 Green 函数的极值性质.

引理 5.6.3 假设 Ω 是一个 Riemann 曲面并且具有非平凡的 Green 函数 G_Ω. 如果存在自然数 $k\in\mathbb{N}$, 点 $z_0\in\Omega$ 和全纯函数 $g\in\mathcal{O}(\Omega)$ 使得

$$\log|g|=(k+1)G_\Omega(\cdot,z_0),$$

那么对于 Ω 上任意满足 $J^kF|_{z_0}=0$ 和

$$\int_\Omega |F|^2<+\infty$$

的全纯 1-形式 F, 都有

$$\int_\Omega \mathrm{d}g\wedge\overline{F}=0.$$

证明 因为 g 只在 z_0 处有 $k+1$ 阶零点, 在集合 $\Omega\setminus z_0$ 上都有 $g\neq 0$, 所以 $F_0:=F/g$ 是 Riemann 曲面上整体定义的全纯 1-形式. 我们记 $G:=G_\Omega(\cdot,z_0)$, 显然,

$$\int_\Omega \mathrm{d}g\wedge\overline{F}=\int_\Omega \partial g\wedge\overline{gF_0}=\int_\Omega \partial(|g|^2)\wedge\overline{F_0}=\int_\Omega \partial\left(\mathrm{e}^{2(k+1)G}\right)\wedge\overline{F_0}.$$

令 $\{\Omega_j\ni z_0\}_{j=1}^\infty$ 是 Ω 中一列渐增的、具有光滑边界的、相对紧的区域并且满足 $\bigcup\Omega_j=\Omega$, 那么每一个 Ω_j 的边界 $\partial\Omega_j$ 都包含有限多个光滑曲线并且 $G_j:=G_{\Omega_j}(\cdot,z_0)$ 在集合 $\overline{\Omega}_j$ 上是连续的. 根据 Skoes 定理, 我们有

$$\int_{\Omega_j}\partial\left(\mathrm{e}^{2(k+1)G_j}\right)\wedge\overline{F_0}=\int_{\partial\Omega_j}\mathrm{e}^{2(k+1)G_j}\overline{F_0}=\int_{\partial\Omega_j}\overline{F_0}=\int_{\Omega_j}\partial\overline{F_0}=0.$$

因为 Ω 是一个开的 Riemann 曲面, 所以 Ω 上存在一个全纯函数 $u\in\mathcal{O}(\Omega)$ 使得 u 在 z_0 处有一个单零点并且在集合 $\Omega\setminus z_0$ 上不为 0. 于是 $s_j:=G_j-\log|u|$ 和 $s:=G-\log|u|$ 都是调和函数. 因为 $G_j\searrow G$, 从而 $s_j\searrow s$. 根据 Dini 定理, s_j 在 Ω 的任意紧集上都一

致收敛于 s. 因为 s_j 都是调和函数, 所以 ∂s_j 也在 Ω 的任意紧集上都一致收敛于 ∂s. 记 $\eta_j := \partial(\mathrm{e}^{2(k+1)G_j})$, $\eta := \partial(\mathrm{e}^{2(k+1)G})$. 通过直接计算, 有

$$\eta_j = \partial\left(|u|^{2(k+1)}\right)\mathrm{e}^{2(k+1)s_j} + 2(k+1)|u|^{2(k+1)}\mathrm{e}^{2(k+1)s_j}\partial s_j.$$

对于 η 而言, 也有类似的公式, 所以 η_j 在 Ω 的任意紧集上都一致收敛于 η. 注意, $|F|^2 = |F_0|^2\mathrm{e}^{2(k+1)G}$, 从而

$$\int_{\Omega\backslash\Omega_1}|F_0|^2 \leqslant \exp\left(-2(k+1)\inf_{\Omega\backslash\Omega_1} G\right)\int_{\Omega\backslash\Omega_1}|F|^2 < +\infty.$$

根据命题 2.8.3,

$$\int_{\Omega}|\eta|^2 = 4(k+1)^2\int_{\Omega}\mathrm{e}^{4(k+1)G}|\partial G|^2 = (k+1)\pi.$$

类似地, 对于任意的 $j \geqslant 1$, $\displaystyle\int_{\Omega_j}|\eta_j|^2 = (k+1)\pi$.

注意, 对于任意的 j, $\displaystyle\int_{\Omega_j}\eta_j \wedge \overline{F_0} = 0$, 从而对于任意的整数 $j \geqslant m \geqslant 1$, 有

$$\begin{aligned}\left|\int_{\Omega}\eta\wedge\overline{F_0}\right| &\leqslant \left|\int_{\Omega\backslash\Omega_m}\eta\wedge\overline{F_0}\right| + \left|\int_{\Omega_j\backslash\Omega_m}\eta_j\wedge\overline{F_0}\right| + \left|\int_{\Omega_m}(\eta-\eta_j)\wedge\overline{F_0}\right| \\ &\leqslant 2\sqrt{(k+1)\pi\int_{\Omega\backslash\Omega_m}|F_0|^2} + \left|\int_{\Omega_m}(\eta-\eta_j)\wedge\overline{F_0}\right|.\end{aligned}$$

因为 η_j 在 Ω 的任意紧集上都一致收敛于 η, 所以对于固定的 m, 上面式子中的第二项在 $j\to+\infty$ 时收敛于零. 又因为 $\displaystyle\int_{\Omega\backslash\Omega_1}|F_0|^2 < +\infty$, 所以上面式子中的第一项在 $m\to+\infty$ 时也收敛于零. 于是当 $j\to+\infty$ 时, $m\to+\infty$, 且 $\displaystyle\int_{\Omega}\eta\wedge\overline{F_0} = 0$. □

我们现在证明定理 5.4.3. 再次回顾定理 5.4.3 的叙述.

定理 5.6.1　假设 Ω 是一个 Riemann 曲面并且具有非平凡的 Green 函数, $B_{\Omega}^{(k)}(z)$ 是 Ω 上的 k-阶导数的 Bergman 核. 于是我们有

$$B_{\Omega}^{(k)}(z) \geqslant \frac{k+1}{\pi}\left(c_{\beta}(z)\right)^{2k+2}, \quad k = 0,1,2,\cdots.$$

进一步, 存在非负整数 k 和 $z_0 \in \Omega$ 使得 k-阶导数的 Bergman 核在 z_0 处使得上面不等式中等号成立的充分必要条件是: 在 Riemann 曲面 Ω 上存在全纯函数 g 使得在 z_0 点的 Green 函数 $G_{\Omega}(\cdot, z_0)$ 可以表示为

$$G_{\Omega}(\cdot, z_0) = \frac{1}{k+1}\log|g|.$$

证明 我们前面已经证明了上面定理中的不等式部分.

现在我们假设在 Riemann 曲面上存在一点 $z_0 \in \Omega$ 使得

$$B_\Omega^{(k)}(z_0) = \frac{k+1}{\pi} c_\beta(z_0)^{2k+2}.$$

因为 Ω 是一个开的 Riemann 曲面, 所以在 Ω 上存在全纯函数 g_0 使得 $g_0(z_0) = 0, \mathrm{d}g_0(z_0) \neq 0$, 并且在 $\Omega \setminus \{z_0\}$ 上, $\mathrm{d}g_0(z_0) \neq 0$. 令 $p: \Delta \to \Omega$ 是复平面 $\mathbb{C}$ 上的单位圆盘 $\Delta \subset \mathbb{C}$ 到 Ω 的覆叠映射. 因为 $p^*(G_\Omega(\cdot, z_0) - \log|g_0|)$ 在 Δ 上是调和的, 所以存在 Δ 上的调和函数 $f_1 \in \mathcal{O}(\Delta)$ 使得 $\operatorname{Re} f_1 = p^*(G_\Omega(\cdot, z_0) - \log|g_0|)$. 因此 $h_0 := p^*(g_0)\exp(f_1)$ 是一个调和函数并且满足 $\log|h_0| = p^*G_\Omega(\cdot, z_0)$.

选取 z_0 的一个邻域 V, 使得 p 在集合 $p^{-1}(V)$ 的任意连通分支上都是双全纯的. 固定集合 $p^{-1}(V)$ 的一个连通分支 U, 并且记 $h = p_*(h_0|_U) \in \mathcal{O}(V)$. 显然, $G_\Omega(\cdot, z_0)|_V = \log|h|$. 因为 $\mathrm{d}h(z_0) \neq 0$, 所以我们可以通过缩小 V, 使得 h 在 V 上是双全纯的, 于是我们可以把 h 看作一个以 z_0 为中心的坐标函数. 在下面的证明中, 我们总是固定 z_0 的局部坐标邻域 (V, h) 并且所有的局部计算都在这个坐标邻域中进行.

因为 $B_\Omega^{(k)}(z_0) = \dfrac{k+1}{\pi} c_\beta(z_0)^{2k+2}$, 所以 Ω 上存在全纯 1-形式 F 使得 $J^kF|_{z_0} = h^k\mathrm{d}h = (\mathrm{d}h)^{k+1}$ 并且满足

$$\begin{aligned}\int_\Omega \sqrt{-1}F \wedge \bar{F} &= \frac{2\pi}{k+1} c_\beta(z_0)^{-2k-2} \\ &= \frac{1}{k+1} \int_{\{z_0\}} |h^k\mathrm{d}h|^2 \mathrm{d}V_\Omega[2(k+1)G_\Omega(\cdot, z_0)],\end{aligned}$$

其中 $\mathrm{d}V_\Omega = \sqrt{-1}\mathrm{d}h \wedge \mathrm{d}\bar{h}$. 根据 k-阶导数 Bergman 核 $B_\Omega^{(k)}$ 的极值性质, 这样的 F 是唯一的. 根据引理 5.6.2, 在 V 上 $F \equiv h^k\mathrm{d}h$, 并且在 U 上 $p^*F \equiv p^*(h^k\mathrm{d}h) = h_0^k\mathrm{d}h_0$. 根据唯一性定理, 在 Δ 上 $p^*F = h_0^k\mathrm{d}h_0$.

令 U_1 和 U_2 是集合 $p^{-1}(V)$ 的两个连通分支, 记

$$h_1 = p_*(h_0^{k+1}|_{U_1}),$$

$$h_2 = p_*(h_0^{k+1}|_{U_2}).$$

因为对于 $i = 1, 2$, $\mathrm{d}(h_0^{k+1}) = (k+1)p^*F$, 我们有

$$\mathrm{d}h_i = p_*(\mathrm{d}(h_0^{k+1}|_{U_i})) = (k+1)p_*(p^*F|_{U_i}) = (k+1)F|_V,$$

所以 $\mathrm{d}h_1 \equiv \mathrm{d}h_2$. 又因为 $|h_0| = \exp(p^*G_\Omega(\cdot, z_0))$ 在 p 的任意纤维上都是常数, 所以 $|h_1| \equiv |h_2|$. 综上所述, $h_1 \equiv h_2$. 于是, 在 p 的任意纤维上, h_0^{k+1} 和

$$g := p_*(h_0^{k+1})$$

在 Riemann 曲面 Ω 上是良好定义的函数, 并且满足 $\log|g| = (k+1)G_\Omega(\cdot, z_0)$.

反过来, 假设在 Riemann 曲面 Ω 上存在一点 z_0 和全纯函数 g 使得 $\log|g| = (k+1)G_\Omega(\cdot, z_0)$. 根据命题 2.8.3 可知,

$$\int_\Omega |\mathrm{d}g|^2 = 4(k+1)^2 \int_\Omega \mathrm{e}^{2(k+1)G} |\partial G|^2 = (k+1)\pi,$$

其中 $G = G_\Omega(\cdot, z_0)$. 根据引理 5.6.3, 显然 $\mathrm{d}g$ 是满足条件

$$J^k(\mathrm{d}g)|_{z_0} = (k+1)c_\beta(z_0)^{k+1}(\mathrm{d}z)^{k+1}$$

的极小 L^2 延拓, 于是我们有

$$B_\Omega^{(k)}(z_0) = \frac{(k+1)^2 c_\beta(z_0)^{2k+2}}{\displaystyle\int_\Omega |\mathrm{d}g|^2} = \frac{k+1}{\pi} c_\beta(z_0)^{2k+2}.$$ □

下面的结果是定理 5.4.3 的推论.

推论 5.6.1　假设 Ω 是一个单连通的 Riemann 曲面并且具有非平凡的 Green 函数 G_Ω. 对于任意的 $z_0 \in \Omega$, 满足 $f(z_0) = 0$ 和 $f'(z_0) > 0$ 的 Riemann 映射 $f: \Omega \to \Delta$ 可以表示为

$$f(z) = \sqrt{\frac{\pi}{B_\Omega(z_0, z_0)}} \int_{z_0}^{z} B_\Omega(w, z_0)\mathrm{d}w.$$

证明　我们固定 z_0 的一个局部坐标邻域 (V, z_0). 根据 Riemann 映射定理和定理 5.4.3 可知,

$$B_\Omega(z_0, z_0) = \frac{1}{\pi}(c_\beta(z_0))^2,$$

从而 Riemann 曲面 Ω 上存在全纯函数 g 使得 z_0 点处的 Green 函数 $G_\Omega(z, z_0) = \log|g(z)|$ 并且 $\mathrm{d}g$ 是满足 $g'(z_0) = c_\beta(z_0)$ 的极小 L^2 延拓.

因为

$$\frac{c_\beta(z_0)B_\Omega(z, z_0)}{B_\Omega(z_0, z_0)}$$

也是在 z_0 点取值为 $c_\beta(z_0)$ 的极小 L^2 延拓, 所以根据极小 L^2 延拓的唯一性, 我们有

$$g'(z) = \frac{c_\beta(z_0)B_\Omega(z, z_0)}{B_\Omega(z_0, z_0)},$$

并且

$$\begin{aligned} g(z) &= \frac{c_\beta(z_0)}{B_\Omega(z_0,z_0)}\int_{z_0}^{z} B_\Omega(w,z_0)\mathrm{d}w \\ &= \sqrt{\frac{\pi}{B_\Omega(z_0,z_0)}}\int_{z_0}^{z} B_\Omega(w,z_0)\mathrm{d}w. \end{aligned}$$

因为 f 是 Riemann 映射, 所以 $G_\Omega(z,z_0)=\log|f(z_0)|$. 又根据 Green 函数的唯一性和规范化条件 $f'(z_0)>0$, 我们可以得到

$$f(z)=g(z)=\sqrt{\frac{\pi}{B_\Omega(z_0,z_0)}}\int_{z_0}^{z} B_\Omega(w,z_0)\mathrm{d}w. \qquad \square$$

推论 5.6.2 令 Ω 是一个开 Riemann 曲面并且具有非平凡的 Green 函数 G_Ω, $z_0\in\Omega$, (V,z) 是一个以 z_0 为中心的局部坐标邻域. 如果存在整数 k_1 和 k_2 使得 k_1+1 和 k_2+1 是互素的, 并且

$$B_\Omega^{(k_1)}(z_0)=\frac{k_1+1}{\pi}c_\beta(z_0)^{2k_1+2},\quad B_\Omega^{(k_2)}(z_0)=\frac{k_2+1}{\pi}c_\beta(z_0)^{2k_2+2},$$

那么 Riemann 曲面 Ω 双全纯等价于单位圆盘 (去掉一个可能的内容量为零的闭集).

证明 因为 k_1+1 和 k_2+1 是互素的, 从而存在整数 $m,n\in\mathbb{Z}$ 使得 $m(k_1+1)+n(k_2+1)=1$. 根据定理 5.4.3, 存在 Ω 上的全纯函数 g_1 和 g_2 使得 z_0 处的 Green 函数可以分别写作

$$(k_1+1)G_\Omega(z,z_0)=\log|g_1(z)|,\quad (k_2+1)G_\Omega(z,z_0)=\log|g_2(z)|.$$

于是 $G_\Omega(z,z_0)=\log|g_1^m(z)g_2^n(z)|$. 根据注记 5.6.2, Riemann 曲面 Ω 双全纯等价于单位圆盘 (去掉一个可能的内容量为零的闭集). $\square$

3. 定理 5.4.3 的一个例子

如果 Ω 双全纯等价于单位圆盘 $\mathbb{D}\subset\mathbb{C}$(去掉一个可能的内容量为零的闭集 E), 那么

$$B_\Omega^{(k)}(z_0)=\frac{k+1}{\pi}(c_\beta(z_0;\Omega))^{2k+2},\quad \forall z_0\in\Omega, k\geqslant 0. \tag{5.6.9}$$

因为 Suita 猜想已经被完全解决, 所以如果 $k=0$, 那么只有 $\Omega\cong\mathbb{D}\setminus E$ 时才有可能使得

$$B_\Omega(z_0)=\frac{1}{\pi}(c_\beta(z_0;\Omega))^2.$$

然而对于 $k\geqslant 1$ 的情况, 上面的结论一般不对.

命题 5.6.5　假设 $r>1$, $P=\{z\in\mathbb{C}:1<|z|<r\}$ 是一个圆环. 对于给定的正整数 $1\leqslant m\leqslant k$, 对于任意属于 P 并且满足 $|z_0|=\exp\left(\dfrac{m}{k+1}\log r\right)$ 的点 z_0, 都存在 P 上的全纯函数 g 使得

$$(k+1)G_P(\cdot,z_0)=\log|g|.$$

进一步, 根据定理 5.4.3 可知,

$$B_P^{(k)}(z_0)=\frac{k+1}{\pi}(c_\beta(z_0;P))^{2k+2}. \tag{5.6.10}$$

证明　记圆环 P 的内、外边界分别为

$$C_1=\{z\in\mathbb{C}:|z|=1\},\quad C_2=\{z\in\mathbb{C}:|z|=r\}.$$

用 ω_1 和 ω_2 分别表示边界 C_1 和 C_2 的调和测度, 那么我们有

$$\omega_1=1-\frac{\log|z|}{\log r},\quad \omega_2=\frac{\log|z|}{\log r}.$$

如果 $|z_0|=\exp\left(\dfrac{m}{k+1}\log r\right)$, 那么 $\omega_2(z_0)=\dfrac{m}{k+1}$ 并且

$$\int_{C_2}*\mathrm{d}G_P(\cdot,z_0)=\int_{C_2}\frac{\partial G_P(\cdot,z_0)}{\partial\mathbf{n}}\mathrm{d}\sigma=2\pi\omega_2(z_0,C_2)=\frac{2m\pi}{k+1}, \tag{5.6.11}$$

其中 $*\mathrm{d}G_P(\cdot,z_0)$ 是 $G_P(\cdot,z_0)$ 的共轭微分; $\partial/\partial\mathbf{n}$ 是关于 C_2 的外法向微分; $\mathrm{d}\sigma$ 是弧长微元. 定义

$$s(z)=G_P(z,z_0)-\log|z-z_0|,$$

于是 s 是一个调和函数. 记 s 的 (多值) 调和共轭是 s^*. 于是根据式 (5.6.11) 可知, $(k+1)(s+is^*)$ 关于 P 中任何闭曲线的辐角变化都是 2π 的整数倍. 于是 $T=\exp((k+1)s+i(k+1)s^*)$ 是圆环 P 上良好定义的全纯函数并且

$$(k+1)G_P(z,z_0)=\log|T(z)(z-z_0)^{k+1}|. \qquad \square$$

上面的例子也和解析数论有一定的关系.

命题 5.6.6 (参考文献 [84])　对于任意实数 $0<q<1$, 都有下面的式子成立:

$$\sum_{k=1}^{\infty}\frac{k^3q^k}{1-q^{2k}}=q\frac{\prod\limits_{k=1}^{\infty}(1-q^{2k})^8}{\prod\limits_{k=1}^{\infty}(1-q^{2k-1})^8}. \tag{5.6.12}$$

证明 记 $R=1/\sqrt{q}$, 我们考虑圆环 $P=\{z\in\mathbb{C}:R^{-1}<|z|<R\}$. 我们将证明式 (5.6.12) 等价于 $\pi B_P^{(1)}(1)=2c_\beta(1;P)^4$.

因为 $\{z^k\}_{k=-\infty}^{\infty}$ 是 Bergman 空间 $A^2(P)$ 上的标准正交基向量, 所以

$$B_P(z)=\sum_{k=-\infty}^{\infty}\frac{|z^k|^2}{\|z^k\|^2}=\sum_{k=1}^{\infty}\frac{1}{\pi}\cdot\frac{k|z|^{2k-2}}{R^{2k}-R^{-2k}}+\frac{1}{\pi}\frac{|z|^{-2}}{4\log R}+\sum_{k=1}^{\infty}\frac{1}{\pi}\cdot\frac{k|z|^{-2k-2}}{R^{2k}-R^{-2k}}.$$

根据命题 5.6.1 可知,

$$B_P(x)B_P^{(1)}(x)=K_{00}(x)K_{11}(x)-K_{01}(x)K_{10}(x),$$

其中 $K_{ij}(x):=\frac{\partial^{i+j}}{\partial z^i\partial\bar{z}^j}B_P(x)$. 通过直接计算, 我们有

$$\pi B_P(1)=\pi K_{00}(1)=\frac{1}{4\log R}+\sum_{k=1}^{\infty}\frac{2k}{R^{2k}-R^{-2k}},$$

$$\pi K_{01}(1)=\pi K_{10}(1)=\frac{-1}{4\log R}+\sum_{k=1}^{\infty}\frac{-2k}{R^{2k}-R^{-2k}},$$

$$\pi K_{11}(1)=\frac{1}{4\log R}+\sum_{k=1}^{\infty}\frac{2k(k^2+1)}{R^{2k}-R^{-2k}}.$$

因为 $K_{01}(1)=-K_{00}(1)$, 所以

$$\pi B_P^{(1)}(1)=\pi\left(K_{11}(1)-K_{00}(1)\right)=\sum_{k=1}^{\infty}\frac{2k^3}{R^{2k}-R^{-2k}}. \tag{5.6.13}$$

另外, 根据圆环 P 上 Green 函数的显示公式, 我们知道

$$c_\beta(1;P)=\frac{1}{\sqrt{R}}\frac{\prod\limits_{k=1}^{\infty}(1-R^{-4k})^2}{\prod\limits_{k=1}^{\infty}(1-R^{-4k+2})^2}. \tag{5.6.14}$$

如果令 $q=R^{-2}$, 式 (5.6.13) 和式(5.6.14) 可以写成下面的形式:

$$\pi B_P^{(1)}(1)=2\sum_{k=1}^{\infty}\frac{k^3q^k}{1-q^{2k}},\quad c_\beta(1;P)=q^{\frac{1}{4}}\frac{\prod\limits_{k=1}^{\infty}(1-q^{2k})^2}{\prod\limits_{k=1}^{\infty}(1-q^{2k-1})^2}.$$

根据式 (5.6.10), 我们有 $\pi B_P^{(1)}(1)=2c_\beta(1;P)^4$, 即

$$\sum_{k=1}^{\infty}\frac{k^3q^k}{1-q^{2k}}=q\frac{\prod\limits_{k=1}^{\infty}(1-q^{2k})^8}{\prod\limits_{k=1}^{\infty}(1-q^{2k-1})^8}.$$

□

对于给定的实数 $0<q<1$, 令 $R=1/\sqrt{q}$, $\tau=\dfrac{\sqrt{-1}}{\pi}\log R^2$, 于是 $\mathrm{e}^{\sqrt{-1}\pi\tau}=q$. 记 $\wp(z)$ 是周期为 1 和 τ 的 Weierstrass 椭圆函数, 即

$$\wp(z)=\frac{1}{z^2}+\sum_{n,m\in\mathbb{Z},n+m\tau\neq 0}\left(\frac{1}{(z-n-m\tau)^2}-\frac{1}{(n+m\tau)^2}\right).$$

令 $\vartheta_2,\vartheta_3,\vartheta_4$ 及 ϑ_1' 为 Jacobi theta 函数的特殊值:

$$\vartheta_1'=2\pi q^{1/4}\prod_{k=1}^{\infty}(1-q^{2k})^3,$$

$$\vartheta_2=2q^{1/4}\prod_{k=1}^{\infty}(1-q^{2k})(1+q^{2k})^2,$$

$$\vartheta_3=\prod_{k=1}^{\infty}(1-q^{2k})(1+q^{2k-1})^2,$$

$$\vartheta_4=\prod_{k=1}^{\infty}(1-q^{2k})(1-q^{2k-1})^2.$$

文献 [84] 证明了

$$\wp''\left(\frac{\tau}{2}\right)=32\pi^4\sum_{k=1}^{\infty}\frac{k^3q^k}{1-q^{2k}},\quad \wp''\left(\frac{\tau}{2}\right)=2\pi^4\vartheta_2^4\vartheta_3^4=2\frac{\vartheta_1'^4}{\vartheta_4^4},$$

这些等式蕴含了式 (5.6.12).

记 $P=\{z\in\mathbb{C}:R^{-1}<|z|<R\}$. 根据式 (5.6.10), 对于任意的整数 $k\geqslant 1$, 都有 $\pi B_P^{(2k-1)}(1)=2kc_\beta(1;P)^{4k}$. 我们可以从这一点得到一系列包含 Weierstrass 椭圆函数和 Jacobi theta 函数特殊值的等式.

4. 命题 5.4.2 的证明

命题 5.6.7 假设 Ω 是一个 Riemann 曲面并且具有非平凡的 Green 函数 G_Ω, $z_0\in\Omega$ 是一个点, (V,z) 是一个以 z_0 为中心的局部坐标邻域. 如果存在 Riemann 曲面 Ω 上的全纯函数 f 使得其零点只有 $z_0\in\Omega$ 并且对于正整数 k, 在 (V,z) 中有

$$B_\Omega^{(k)}(z_0)=\frac{(k+1)^2|f'(z_0)|^{2k+2}}{\displaystyle\int_\Omega|\mathrm{d}f^{k+1}|^2},\tag{5.6.15}$$

那么 Ω 双全纯等价于单位圆盘 (去掉一个可能的内容量为零的闭集).

证明 我们令 $\Theta(t)=\mathrm{e}^{2(k+1)t}$, $p=\log|f|-\log|f'(z_0)|$, 于是根据命题 2.8.3 有

$$\frac{1}{B_\Omega^{(k)}(z_0)}=\frac{\int_\Omega |f|^{2k}|\mathrm{d}f|^2}{|f'(z_0)|^{2k+2}}\geqslant\frac{\pi}{(k+1)c_\beta(z_0)^{2k+2}}.$$

因为 $B_\Omega^{(k)}(z_0)>0$, 从而 $f'(z_0)\neq 0$. 根据定理 5.4.3, 有

$$B_\Omega^{(k)}(z_0)=\frac{k+1}{\pi}c_\beta(z_0)^{2k+2},$$

并且存在 Riemann 曲面 Ω 上的全纯函数 $g\in\mathcal{O}(\Omega)$ 使得

$$\log|g|=(k+1)G(\cdot,z_0).$$

根据定理 5.4.3 的证明, $F=\mathrm{d}g$ 是满足

$$J^k(F)|_{z_0}=(k+1)c_\beta(z_0)^{k+1}(\mathrm{d}z)^{k+1}$$

的极小 L^2 延拓.

另外, 根据式 (5.6.15), $\tilde{F}=\mathrm{d}f^{k+1}$ 是满足

$$J^k(\tilde{F})|_{z_0}=(k+1)(f'(z_0))^{k+1}(\mathrm{d}z)^{k+1}$$

的极小 L^2 延拓.

根据极小 L^2 延拓的唯一性和 $f(z_0)=g(z_0)=0$, 我们可以得到

$$g\equiv(c_\beta(z_0)/f'(z_0))^{k+1}f^{k+1}.$$

注意, $\dfrac{c_\beta(z_0)}{f'(z_0)}$ 与坐标邻域的选取无关. 因为 $G_\Omega(\cdot,z_0)=\log|\dfrac{c_\beta(z_0)}{f'(z_0)}f|$, 根据注记 5.6.2, Riemann 曲面 Ω 双全纯等价于单位圆盘 (去掉一个可能的内容量为零的闭集). □

注记 5.6.3 因为 $\log|\dfrac{c_\beta(z_0)}{f'(z_0)}f|=G_\Omega(\cdot,z_0)<0$, 所以 $|f|<R$, 其中 $R=\dfrac{|f'(z_0)|}{c_\beta(z_0)}$.

如果我们记 $\mathbb{D}_R=\{z\in\mathbb{C}:|z|<R\}$, 那么 $f(\Omega)\subset\mathbb{D}_R$ 并且 $G_\Omega(z,z_0)\equiv G_{\mathbb{D}_R}(f(z),f(z_0))$. 根据 Minda [85] 的一个定理可知, $f:\Omega\to\mathbb{D}_R$ 是单射并且 $\mathbb{D}_R\setminus f(\Omega)$ 是一个内容量为零的闭集.

特别地, 如果我们假设 $\Omega\subset\mathbb{C}$, $B_\Omega(z_0)=\dfrac{1}{\mathrm{Vol}(\Omega)}>0$, 并且令上面命题中的 $f(z)\equiv z$, $k=0$, 那么 $\Omega\subset\mathbb{D}_R$ 并且 $\mathbb{D}_R\setminus\Omega$ 是一个内容量为零的闭集. 这和 Dong 和 Treuer 在文献 [81] 中得到的结果一样.

5. Bergman-Fock 型延拓

在文献 [82] 中, Ohsawa 提出了下面有关 L^2 延拓的问题.

问题 5.6.1　假设函数 ψ 是复平面 $\mathbb{C}$ 上给定的次调和函数并且满足

$$\int_{\mathbb{C}} \mathrm{e}^{-\psi} \mathrm{d}x\mathrm{d}y < \infty.$$

对于复平面 $\mathbb{C}$ 上任意给定的词条和函数 φ, 是否存在复平面 $\mathbb{C}$ 上的全纯函数 f 使得

$$f(0) = 1$$

并且满足

$$\int_{\mathbb{C}} |f(z)|^2 \mathrm{e}^{-\varphi(z)-\psi(z)} \mathrm{d}x\mathrm{d}y \leqslant \mathrm{e}^{-\varphi(0)} \int_{\mathbb{C}} \mathrm{e}^{-\psi} \mathrm{d}x\mathrm{d}y?$$

利用最优 L^2 延拓定理, 我们可以解答上面的问题.

定理 5.6.2　假设 $D \subset \mathbb{C}^n$ 是一个拟凸域, l 是 1 与 n 之间的一个整数, $H = D \cap \{z_{n-l+1} = \cdots = z_n = 0\}$, $\psi(z) = \rho((\sum\limits_{j=n-l+1}^{n} |z_j|^2)^{l/2})$, 其中 ρ 是复平面 $\mathbb{C}$ 中的一个径向次调和函数. 于是对于 D 上的任意多次调和函数 φ 和 H 上任意满足下面可积性条件

$$\int_H |f|^2 \mathrm{e}^{-\varphi} \mathrm{d}V_H < \infty$$

的全纯函数 f, 在 D 上都存在全纯函数 F 使得在 H 上, 有

$$F = f$$

和

$$\int_D |F|^2 \mathrm{e}^{-\varphi-\psi} \mathrm{d}V_D \leqslant 2\sigma_l \int_0^{\mathrm{e}^{\frac{A}{2}}} \mathrm{e}^{-\rho(t)} t \mathrm{d}t \int_H |f|^2 \mathrm{e}^{-\varphi} \mathrm{d}V_H, \tag{5.6.16}$$

其中 $A = \sup\limits_{z \in D} l \log \left(\sum\limits_{j=n-l+1}^{n} |z_j|^2 \right)$.

注记 5.6.4　因为 ρ 是径向的, 所以我们可以将 ρ 看作集合 $\mathbb{R}_{\geqslant 0}$ 上的函数, 因此式 (5.6.16) 中的 $\rho\left(\left(\sum\limits_{j=n-l+1}^{n} |z_j|^2 \right)^{l/2} \right)$ 和 $\rho(t)$ 是有意义的.

当 $n = 1$ 的时候, 我们有下面的结果, 这个结果回答了 Ohsawa 的问题.

推论 5.6.3　假设 ψ 是复平面 $\mathbb{C}$ 上的多次调和函数并且 $\mathrm{i}\partial\bar{\partial}\psi$ 是旋转不变的,

$$\int_{\mathbb{C}} \mathrm{e}^{-\psi} \mathrm{d}x\mathrm{d}y < \infty,$$

那么对于复平面 $\mathbb{C}$ 上的任意次调和函数 φ, 存在复平面 $\mathbb{C}$ 上的全纯函数 f 使得

$$f(0)=1,$$

并且

$$\int_{\mathbb{C}}|f|^2\mathrm{e}^{-\varphi-\psi}\mathrm{d}x\mathrm{d}y\leqslant \mathrm{e}^{-\varphi(0)}\int_{\mathbb{C}}\mathrm{e}^{-\psi}\mathrm{d}x\mathrm{d}y.$$

需要指出的是, 如果我们不假设 $\mathrm{i}\partial\bar{\partial}\psi$ 是旋转不变的, 那么 Ohsawa 提出的问题的答案一般是否定的.

我们需要下面的结论.

命题 5.6.8 假设 $D\subset\mathbb{C}^n$ 是一个区域, 并且记 $D_j=\left\{z\in D:|z|<j,\delta_D(z)>\dfrac{1}{j}\right\}$, 其中 $\delta_D(z)$ 表示 z 与 ∂D 的距离, $j=1,2,\cdots$. 假设 $u\not\equiv-\infty$ 在区域 D 上是多次调和的. 进一步, 假设 $u(z)$ 是径向的, 那么存在一列函数 $\{u_j\}_{j=1}^{\infty}\subset C^{\infty}(D)$ 并且该函数满足下面的条件:

(1) u_j 在集合 D_j 上是径向函数并且是强多次调和函数;

(2) 在集合 D_j 上, $u_j\geqslant u_{j+1}$ 并且对于任意的 $z\in D$, $\lim\limits_{j\to\infty}u_j(z)=u(z)$.

证明 这是经典的 $\mathbb{C}^n$ 中区域上多次调和函数用卷积做正则化的结果. 注意, 如果我们在卷积中选择的磨光子是径向的, 即只依赖于 $|z|$, 那么容易验证卷积的结果也是径向的, 并且满足命题的条件. □

命题 5.6.9 (Riesz 分解定理, 见文献 [86]) 假设 $\psi\not\equiv-\infty$ 是区域 $D\subset\mathbb{C}$ 中的一个次调和函数, 那么在区域 D 的任意一个相对紧开集 U 中, 我们可以把 ψ 写成

$$\psi(z)=\frac{1}{2\pi}\int_U\log|z-\zeta|\mathrm{i}\partial\bar{\partial}\psi(\zeta)+h(z),$$

其中 h 是 U 上的一个调和函数.

现在我们证明定理 5.6.2. 首先我们假设函数 ρ 是光滑的严格多次调和函数. 令 $\Psi(z)=l\log\sum\limits_{j=n-l+1}^{n}|z_j|^2$, $c_A(t)=\mathrm{e}^{-\rho(\mathrm{e}^{-t/2})}$. 正如注记 5.6.4 中提到的那样, 我们可以将函数 ρ 视为定义在集合 $\mathbb{R}_{\geqslant 0}$ 上的函数. 显然 $c_A(-\Psi(z))=\mathrm{e}^{-\rho((\sum\limits_{j=n-l+1}^{n}|z_j|^2)^{l/2})}=\mathrm{e}^{-\psi(z)}$.

令 $T=\mathrm{e}^{-\frac{t}{2}}$, 于是有

$$\int_{-A}^{\infty}c_A(t)\mathrm{e}^{-t}\mathrm{d}t=-2\int_{-A}^{\infty}\mathrm{e}^{-\rho(\mathrm{e}^{-\frac{t}{2}})}\mathrm{e}^{-\frac{t}{2}}\mathrm{d}\mathrm{e}^{-\frac{t}{2}}=2\int_0^{\mathrm{e}^{\frac{A}{2}}}\mathrm{e}^{-\rho(T)}T\mathrm{d}T.$$

通过计算, 有

$$\begin{aligned}\frac{\mathrm{d}}{\mathrm{d}t}c_A(t)\mathrm{e}^{-t} =&\frac{\mathrm{d}}{\mathrm{d}T}(\mathrm{e}^{-\rho(T)}T^2)\frac{\mathrm{d}T}{\mathrm{d}t}\\ =&(2T\mathrm{e}^{-\rho(T)}-T^2\rho'(T)\mathrm{e}^{-\rho(T)})\left(-\frac{1}{2}T\right),\\ =&-\frac{1}{2}T^2(2-T\rho'(T))\mathrm{e}^{-\rho(T)}\end{aligned}$$

及

$$\log(c_A(t)\mathrm{e}^{-t})=\log(\mathrm{e}^{-\rho(T)}T^2)=\log T^2-\rho(T).$$

于是, 我们有

$$\frac{\mathrm{d}}{\mathrm{d}T}\log(c_A(t)\mathrm{e}^{-t})=\frac{2}{T}-\rho'(T),$$

及

$$\frac{\mathrm{d}^2}{\mathrm{d}T^2}\log(c_A(t)\mathrm{e}^{-t})=\frac{\mathrm{d}}{\mathrm{d}T}(\frac{2}{T}-\rho'(T))=-\frac{2}{T^2}-\rho''(T).$$

因此

$$\begin{aligned}&\frac{\mathrm{d}^2}{\mathrm{d}t^2}\log(c_A(t)\mathrm{e}^{-t})\\ =&\frac{\mathrm{d}}{\mathrm{d}t}\left(\frac{\mathrm{d}}{\mathrm{d}T}\log(\mathrm{e}^{-\rho(T)}T^2)\frac{\mathrm{d}T}{\mathrm{d}t}\right)\\ =&\frac{\mathrm{d}}{\mathrm{d}T}\frac{\mathrm{d}}{\mathrm{d}T}\log(\mathrm{e}^{-\rho(T)}T^2)\left(\frac{\mathrm{d}T}{\mathrm{d}t}\right)^2+\frac{\mathrm{d}}{\mathrm{d}T}\log(\mathrm{e}^{-\rho(T)}T^2)\frac{\mathrm{d}^2T}{\mathrm{d}t^2}\\ =&\left(-\frac{2}{T^2}-\rho''(T)\right)\frac{1}{4}T^2+\left(\frac{2}{T}-\rho'(T)\right)\frac{1}{4}T\\ =&-\frac{1}{4}T(\rho'(T)+\rho''(T)T).\end{aligned}$$

注意,

$$\rho'(T)+\rho''(T)T>0$$

恰好是 $\mathbb{C}$ 上的径向光滑函数成为词条和函数的充分必要条件. 于是, $\frac{\mathrm{d}^2}{\mathrm{d}t^2}\log(c_A(t)\mathrm{e}^{-t})<0$ 是显然的, 并且 $c_A(t)$ 满足最优 L^2 延拓定理的条件.

记

$$g(T)=\rho'(T)+\rho''(T)T,$$

于是我们可得到一个常微分方程. 求解这个方程, 我们有

$$\rho(T)=\left(\int_0^T g(x)\mathrm{d}x\right)\log T-\int_0^T g(x)\log x\mathrm{d}x.$$

注意,

$$T\rho'(T)=\int_0^T g(x)\mathrm{d}x$$

是增函数. 于是使得 $\frac{\mathrm{d}}{\mathrm{d}t}c_A(t)\mathrm{e}^{-t}>0$ 或 $\frac{\mathrm{d}}{\mathrm{d}t}c_A(t)\mathrm{e}^{-t}\leqslant 0$ 的集合是一个区间. 因此, 根据最优 L^2 延拓定理, 我们在假设函数 ρ 是光滑的强多次调和函数的前提下证明了结论.

对于一般的情形, 令 $\{D_j\}_{j=1}^{\infty}$ 是一列拟凸域, 并且对于任意的 j, $D_j\Subset D_{j+1}$,

$$\bigcup_{j=1}^{\infty}D_j=D.$$

根据命题 5.6.8, 我们可以找到一列径向的、光滑的强多次调和函数 $\{\rho_j\}_{j=1}^{\infty}$ 使得对于任意的 $k\geqslant j$, $\rho_k\left(\left(\sum\limits_{j=n-l+1}^{n}|z_j|^2\right)^{l/2}\right)$ 在区域 D_j 上单调递减收敛到 $\rho\left(\left(\sum\limits_{j=n-l+1}^{n}|z_j|^2\right)^{l/2}\right)$. 令 $\psi_k(z)=\rho_k\left(\left(\sum\limits_{j=n-l+1}^{n}|z_j|^2\right)^{l/2}\right)$, 那么在区域 D_j 上, 对于任意的 $k\geqslant j$ 都有全纯函数 $F_{j,k}$ 使得

$$\begin{aligned}\int_{D_j}|F_{j,k}(z)|^2\mathrm{e}^{-\varphi}\mathrm{e}^{-\psi_k}&\leqslant 2\frac{\pi^l}{l!}\int_0^{\mathrm{e}^{\frac{A_j}{2}}}\mathrm{e}^{-\rho(t)}t\mathrm{d}t\int_{H_j}|f|^2\mathrm{e}^{-\varphi}\mathrm{d}V_{H_j}\\&\leqslant 2\frac{\pi^l}{l!}\int_0^{\mathrm{e}^{\frac{A}{2}}}\mathrm{e}^{-\rho(t)}t\mathrm{d}t\int_{H}|f|^2\mathrm{e}^{-\varphi}\mathrm{d}V_{H},\end{aligned}$$

其中 $H_j=H\cap D_j$, $A_j=\sup\limits_{z\in D_j}l\log\left(\sum\limits_{m=n-l+1}^{n}|z_m|^2\right)$. 注意, 对于任意的 $k\geqslant j$, $\varphi+\psi_k$ 在区域 D_j 上有上界, 根据引理 3.3.6, 我们可以找到 $\{F_{j,k}\}_k$ 的一个子列 (仍然用 $\{F_{j,k}\}_k$ 表示), 该子列在区域 D_j 的任意紧集上都一致收敛到全纯函数 F_j. 根据 Fatou 引理, 有

$$\int_{D_j}|F_j|^2\mathrm{e}^{-\varphi-\psi}\leqslant\liminf_{k\to\infty}\int_{D_j}|F_{j,k}(z)|^2\mathrm{e}^{-\varphi}\mathrm{e}^{-\psi_k}\leqslant 2\frac{\pi^l}{l!}\int_0^{\mathrm{e}^{\frac{A}{2}}}\mathrm{e}^{-\rho(t)}t\mathrm{d}t\int_H|f|^2\mathrm{e}^{-\varphi}\mathrm{d}V_H.$$

同样地, 因为 $\varphi+\psi$ 在区域 D 的任意紧集上有上界, 所以我们可以找到 $\{F_j\}_j$ 的一个子列

(仍然用 $\{F_j\}_j$ 表示), 该子列在区域 D 的任意紧集上都一致收敛于全纯函数 F 并且

$$\int_D |F|^2 e^{-\varphi-\psi} \leqslant \liminf_{k\to\infty} \int_D \mathbb{I}_{\overline{D_j}} |F_j(z)|^2 e^{-\varphi} e^{-\psi}$$
$$\leqslant 2\frac{\pi^l}{l!}\int_0^{e^{\frac{A}{2}}} e^{-\rho(t)} t dt \int_H |f|^2 e^{-\varphi} dV_H.$$

对于 $\alpha>0$, 令 $\psi(z)=\alpha|z_n|^2$, 我们可以得到文献 [87] 中的定理 1.7 和文献 [82] 中的定理 1.4.

推论 5.6.4　令 $\alpha>0$ 为常数, D 是 $\mathbb{C}^n$ 中的拟凸域, φ 是区域 D 中的多次调和函数, $H=D\cap\{z_n=0\}$, 那么对于 H 上的任意满足下面可积性条件

$$\int_H |f|^2 e^{-\varphi} dV_H < \infty,$$

的全纯函数 f, 都存在区域 D 中的全纯函数 F 使得在 H 上 $F=f$ 并且

$$\int_D |F|^2 e^{-\varphi-\alpha|z_n|^2} dV_D \leqslant \frac{\pi}{\alpha}\int_H |f|^2 e^{-\varphi} dV_H.$$

令 $\epsilon>0$ 是任意常数, 如果我们令 $\psi=(1+\epsilon)\log(1+|z_n|^2)$, 那么我们可以得到文献 [16] 中的推论 3.14 (另请参见文献 [82] 中的定理 0.1).

推论 5.6.5　假设 D 是 $\mathbb{C}^n$ 中的拟凸域, φ 是一个多次调和函数. 对于区域 D 中的任意多次调和函数 φ, 任意的 $\varepsilon>0$ 及 $H=D\cap\{z_n=0\}$ 上的任意全纯函数 f, 在区域 D 上都存在全纯函数 F 使得在 H 上 $F=f$ 并且

$$\int_D \frac{|F|^2}{(1+|z_n|^2)^{1+\varepsilon}} e^{-\varphi} dx dy \leqslant \frac{\pi}{\varepsilon}\int_H |f|^2 e^{-\varphi} dx dy.$$

现在我们证明推论 5.6.3. 对于任意的 $R>0$, 用 $D(0,R)$ 表示以 0 为圆心、R 为半径的圆盘. 根据命题 5.6.9, 我们可以在 $D(0,R)$ 中将 ψ 写作

$$\psi(z)=\frac{1}{2\pi}\int_{D(0,R)} \log|z-\zeta| i\partial\bar\partial\psi(\zeta)+h(z),$$

其中 h 是圆盘 $D(0,R)$ 上的调和函数.

令 $\psi_1(z)=\dfrac{1}{2\pi}\displaystyle\int_{D(0,R)} \log|z-\zeta| i\partial\bar\partial\psi(\zeta)$, 于是 ψ_1 是一个径向次调和函数, 根据定理 5.6.2, 存在全纯函数 f 使得 $f(0)=1$ 并且

$$\int_{D(0,R)} |f|^2 e^{-\varphi-\psi_1-h} \leqslant \left(2\pi\int_0^R e^{-\psi_1(r)} r dr\right) e^{-\varphi(0)-h(0)} = \left(\int_{D(0,R)} e^{-\psi_1}\right) e^{-\varphi(0)-h(0)}.$$

因为 h 是调和函数, e^x 是凸增函数, e^{-h} 是次调和函数, 于是

$$\mathrm{e}^{-h(0)}\int_{D(0,R)}\mathrm{e}^{-\psi_1}\leqslant\int_{D(0,R)}\mathrm{e}^{-\psi_1-h},$$

因此我们有

$$\int_{D(0,R)}|f|^2\mathrm{e}^{-\varphi-\psi}\leqslant\mathrm{e}^{-\varphi(0)}\int_{D(0,R)}\mathrm{e}^{-\psi}\leqslant\mathrm{e}^{-\varphi(0)}\int_{\mathbb{C}}\mathrm{e}^{-\psi}.\tag{5.6.17}$$

现在, 对于每一个 $R>0$, 全纯函数 f_R 都满足 $f_R(0)=1$ 和式 (5.6.17). 根据引理 3.3.6 和对角线方法, 我们可以找到 $\{F_R\}$ 的一个子列 (仍然用 $\{F_R\}$ 表示), 该子列在复平面 $\mathbb{C}$ 的任意紧集中都一致收敛于 F. 根据 Fatou 引理, 我们有

$$\begin{aligned}\int_{\mathbb{C}}|F|^2\mathrm{e}^{-\varphi-\psi}&\leqslant\liminf_{R\to\infty}\int_{\mathbb{C}}\mathbb{I}_{\overline{D(0,R)}}|F_R|\mathrm{e}^{-\varphi-\psi}\\&\leqslant\mathrm{e}^{-\varphi(0)}\int_{\mathbb{C}}\mathrm{e}^{-\psi}.\end{aligned}$$

下面的例子表明, 在去掉条件 $\mathrm{i}\partial\bar{\partial}\psi$ 旋转不变的情况下, Ohsawa 的例子一般不成立.

在复平面 $\mathbb{C}$ 上, 令 $\varphi=2(1-\alpha)\log|z+1|$, $\psi=2\alpha\log|z+1|+h(|z+1|^2)$, 其中 $0<\alpha<1$ 是一个常数,

$$h(x)=\begin{cases}R_1+\dfrac{1}{4}, & x<R_1,\\[2mm](x-R_1)^2+R_1+\dfrac{1}{4}, & R_1\leqslant x\leqslant R_1+\dfrac{1}{2},\\[2mm]x, & x>R_1+\dfrac{1}{2},\end{cases}$$

其中 R_1 是一个待定的正常数.

注意, h 是一个凸增函数, $h(|z+1|^2)$ 是次调和的, 从而

$$\begin{aligned}\int_{\mathbb{C}}\mathrm{e}^{-\psi}\mathrm{d}x\mathrm{d}y=&\int_{\{|z+1|^2<R_1+\frac{1}{2}\}}\frac{1}{|z+1|^{2\alpha}}\mathrm{e}^{-h(|z+1|^2)}\mathrm{d}x\mathrm{d}y+\\&\int_{\{|z+1|^2>R_1+\frac{1}{2}\}}\frac{1}{|z+1|^{2\alpha}}\mathrm{e}^{-h(|z+1|^2)}\mathrm{d}x\mathrm{d}y\\=&\int_{\{|z+1|^2<R_1+\frac{1}{2}\}}\frac{1}{|z+1|^{2\alpha}}\mathrm{e}^{-h(|z+1|^2)}\mathrm{d}x\mathrm{d}y+\\&\int_{\{|z+1|^2>R_1+\frac{1}{2}\}}\frac{1}{|z+1|^{2\alpha}}\mathrm{e}^{-|z+1|^2}\mathrm{d}x\mathrm{d}y<\infty.\end{aligned}$$

关于函数 $\varphi+\psi=2\log|z+1|+h(|z+1|^2)$ 平方可积的函数全体有正交基 $\{(z+1)^k\}$, $k\geqslant 1$, 因此使得 $f(0)=1$ 的极小 L^2 延拓就是 $f(z)=z+1$. 然而

$$\begin{aligned}
I:&=\int_{\mathbb{C}}|z+1|^2\frac{1}{|z+1|^2}\mathrm{e}^{-h(|z+1|^2)}\mathrm{d}x\mathrm{d}y\\
&=\int_{\mathbb{C}}\mathrm{e}^{-h(|z+1|^2)}\mathrm{d}x\mathrm{d}y\\
&=\int_{\{|z+1|^2<R_1\}}\mathrm{e}^{-R_1-\frac{1}{4}}\mathrm{d}x\mathrm{d}y+\int_{\{|z+1|^2>R_1\}}\mathrm{e}^{-h(|z+1|^2)}\mathrm{d}x\mathrm{d}y\\
&=\mathrm{e}^{-R_1-\frac{1}{4}}\pi R_1+\int_{\{|z+1|^2>R_1\}}\mathrm{e}^{-h(|z+1|^2)}\mathrm{d}x\mathrm{d}y,
\end{aligned}$$

$$\begin{aligned}
II:&=\mathrm{e}^{-\varphi(0)}\int_{\mathbb{C}}\mathrm{e}^{-\psi}\mathrm{d}x\mathrm{d}y\\
&=\int_{\mathbb{C}}\frac{1}{|z+1|^{2\alpha}}\mathrm{e}^{-h(|z+1|^2)}\mathrm{d}x\mathrm{d}y\\
&=\int_{\{|z+1|^2<R_1\}}\frac{1}{|z+1|^{2\alpha}}\mathrm{e}^{-R_1-\frac{1}{4}}\mathrm{d}x\mathrm{d}y+\int_{\{|z+1|^2>R_1\}}\frac{1}{|z+1|^{2\alpha}}\mathrm{e}^{-h(|z+1|^2)}\mathrm{d}x\mathrm{d}y\\
&=\mathrm{e}^{-R_1-\frac{1}{4}}\frac{\pi}{1-\alpha}R_1^{1-\alpha}+\int_{\{|z+1|^2>R_1\}}\frac{1}{|z+1|^{2\alpha}}\mathrm{e}^{-h(|z+1|^2)}\mathrm{d}x\mathrm{d}y.
\end{aligned}$$

当 R_1 足够大的时候, 我们有

$$I-II=\mathrm{e}^{-R_1-\frac{1}{4}}\pi\left(R_1-\frac{1}{1-\alpha}R_1^{1-\alpha}\right)+\int_{\{|z+1|^2>R_1\}}\left(1-\frac{1}{|z+1|^{2\alpha}}\right)\mathrm{e}^{-h(|z+1|^2)}\mathrm{d}x\mathrm{d}y>0.$$

因此, 关于函数 $\psi+\varphi$ 且满足 $f(0)=1$ 的极小 L^2 延拓的范数超过了 $\mathrm{e}^{-\varphi(0)}\int_{\mathbb{C}}\mathrm{e}^{-\psi}\mathrm{d}x\mathrm{d}y$.

这个例子说明: 定理 5.6.2 去掉径向条件以后一般也不成立.

参考文献

[1] Garabedian P R, Spencer D. Complex boundary value problems[J]. Transactions of the American Mathematical Society, 1952, 73(2): 223-242.

[2] Morrey C B. The analytic embedding of abstract real-analytic manifolds[J]. Annals of Mathematics, 1958: 159-201.

[3] Kohn J J. Harmonic integrals on strongly pseudo-convex manifolds[J]. I. Annals of mathematics, 1963: 112-148.

[4] Ash M E. The basic estimate of the $\overline{\partial}$-Neumann problem in the non-Kählerian case[J]. Amer. J. Math., 1964, 86: 247-254.

[5] Kohn J. Regularity at the boundary of the δ-Neumann problem[J]. Proceedings of the National Academy of Sciences of the United States of America, 1963, 49(2): 206.

[6] Kohn J J. Harmonic integrals on strongly pseudo-convex manifolds II[J]. Ann. Math., 1964, 2(79): 450-472.

[7] Hörmander L. L^2 estimates and existence theorems for the $\overline{\partial}$ operator[J]. Acta. Math., 1965, 113: 89-152.

[8] Friedrichs K. The identity of weak and strong extensions of differential operators[J]. Amer. Math. Soc., 1944, 55: 132-151.

[9] Lax P D, Phillips R S. Local boundary conditions for dissipative symmetric linear differential operations[J]. Comm. Pure. Appl. Math., 1960, 13: 427-455.

[10] Andreotti A, Grauert H. Théorèmes de finitude pour la cohomologie des espaces complexes[J]. Bull. Soc. Math. France, 1962, 90: 193-259.

[11] Nadel A M. Multiplier ideal sheaves and Kähler-Einstein metrics of positive scalar curvature[J]. Proc. Nat. Acad. Sci. U.S.A., 1990, 132: 549-596.

[12] Guan Q A, Zhou X Y. A proof of Demailly's strong openness conjecture[J]. Ann. Math, 2015, 2(182): 605-616.

[13] Krantz S. Function theory of several complex variables[M]. Rlwde Lsland: American Mathematical Soc., 2001.

[14] Range R M. Holomorphic functions and integral representations in several complex variables[M]. New York: Springer, Cham, 1986.

[15] Hörmander L. An introduction to complex analysis in several variables[M]. New York: Elsevier Science Publishing, 1990.

[16] Guan Q A, Zhou X Y. A solution of an L^2 extension problem with an optimal estimate and applications[J]. Ann. Math, 2015, 2(181): 1139-1208.

[17] Runge C. Zur Theorie der Eindeutigen Analytischen Functionen[J]. Acta. Math., 1885, 6(1): 229-244.

[18] Weierstrass K. Uber die analytische darstellbarkeit sogenannter willkurlicher functionen einer reellen veranderlichen[J]. Berl. Ber, 1885: 522-640.

[19] Mergelyan S N. Uniform approximations to functions of a complex variable[J]. Amer. Math. Soc. Translation, 1954, 101: 99.

[20] Weil A. L'intégrale de Cauchy et les fonctions de plusieurs variables[J]. French. Math. Ann., 1935, 111: 178-182.

[21] Oka K. Sur les fonctions analytiques de plusieurs variables. I. Domaines convexes parrapport aux fonctions rationnelles[J]. J. Sci. Hiroshima Univ., Ser. A, 1936, 6: 245-255.

[22] Taylor B A. On weighted polynomial approximation of entire functions[J]. Pacific J. Math, 1971, 36: 523-539.

[23] Fornaess J E, Wu J. A global approximation result by Bert Alan Taylor and the strong openness conjecture in $\mathbb{C}^n$[J]. J. Geom. Anal, 2018, 28: 1-12.

[24] Fornaess J E, Forstnerič F, Wold E F. Holomorphic approximation: the legacy of Weierstrass, Runge, Oka-Weil, and Mergelyan[C]. Advancements in complex analysis. From theory to practice. Cham: Springer, 2020: 133-192.

[25] Gaier D. Lectures on complex approximation[M]. Boston: Birkhauser Boston Inc., 1987.

[26] Gamlin T W. Polynomial approximation on thin sets. In Symposium on several complex variables[C]. Berlin: Springer, 1970.

[27] Gauthier P, Paramonov P V. Approximation by solutions of elliptic equations and extension of subharmonic functions. In Mashreghi J., Manolaki M., Gauthier P. (eds), New Trends in Approximation Theory, volume 81 of Fields Institute Communications[C]. New York: Springer, 2018.

[28] Gauthier P. Uniform approximation[C]. In Complex potential theory (Montreal, PQ, 1993), volume 439 of NATO Adv. Sci. Inst. Ser. C Math. Phys. Sci. Kluwer Acad. Publ., Dordrecht, 1994.

[29] Zalcman, L. Analytic capacity and rational approximation[M]. Berlin: Springer-Verlag, 1968.

[30] Levenberg N. Approximation in $\mathbb{C}^N$[J]. Surv. Approx. Theory, 2006, 2: 92-140.

[31] Ohsawa T, Takegoshi K. On the extension of L^2 holomorphic functions[J]. Math. Z., 1987, 195: 197-204.

[32] Demailly J P. Extension of holomorphic functions and cohomology classes from non reduced analytic subvarieties[C]. Geometric complex analysis. In honor of Kang- Tae Kim's 60th birthday, Gyeongju, Korea, 2017. Selected papers based on the presentations at the 11th and 12th Korean conferences on several complex variables, KSCV 11 symposium and KSCV 12 symposium, July 4-8, 2016 and July 3-7, 2017. Singapore: Springer, 2018: 97-113.

[33] Siu Y T. Invariance of plurigenera[J]. Invent. Math., 1998, 134(3): 661-673.

[34] Zhou X Y, Zhu L. An optimal L^2 extension theorem on weakly pseudoconvex Kähler manifolds[J]. J. Differ. Geom., 2018, 110(1): 135-186.

[35] Berndtsson B. Curvature of vector bundles associated to holomorphic fibrations[J]. Ann. Math., 2009, 169(2): 531-560.

[36] Suita N. Capacities and kernels on Riemann surfaces[J]. Archive for Rational Mechanics and Analysis, 1972, 46(3): 212-217.

[37] Ohsawa T. On the Bergman kernel of hyperconvex domains[J]. Nagoya Mathematical Journal, 1993, 129: 43-52.

[38] Zhu L F, Guan Q A, Zhou X Y. On the Ohsawa - Takegoshi L^2 extension theorem and the twisted Bochner-Kodaira identity[J]. Comptes Rendus Mathematique, 2011, 349(13-14): 797-800.

[39] Błocki Z. Suita conjecture and the Ohsawa-Takegoshi extension theorem[J]. Inventiones mathematicae, 2013, 193(1): 149-158.

[40] Błocki Z, Zwonek W. One dimensional estimates for the Bergman kernel and logarithmic capacity[J]. Proc. Amer. Math. Soc., 2018, 146: 2489-2495.

[41] Yao S, Li Z, Zhou X. On the optimal L^2 extension theorem and a question of Ohsawa[J]. Nagoya Math. J., 2022, 245: 154-165.

[42] Li Z, Zhou X Y. Weighted L^2 approximation of analytic sections[J]. J. Geom. Anal., 2022, 32(2): 17.

[43] Hartgos F. Zur Theorie der analytischen Funktionen mehrerer unabhängiger Veränderlichen, insbesondere über die Darstellung derselben durch, welche nach Potenzen Reiner, Veränderlichen fortschreiten[J]. Math. Ann., 1906, 62: 1-88.

[44] Fritzsche K, Grauer H. From holomorphic functions to complex manifolds[M]. New York: Springer-Verlag, 2002.

[45] Oka K. Sur les fonctions de plusieurs variables II: Domaines d'holomorphie[J]. J. Sc. Hiroshima. Univ, 1937, 7: 115-130.

[46] Bremerman H. Über die Äquivalenz der pseudoconvex Gebiete und der Holomorphiegebiete im Raume von Komplexen Veränderlichen[J]. Math. Ann., 1954, 182: 63-91.

[47] Norguet F. Sur les domaines d'holomorphie des fonctions uniformes de plusieurs variables complexes[J]. Bull. Soc. Math. France, 1954, 82: 137-159.

[48] Oka K. Sur les fonctions de plusieurs variables IX: Domaines finis sans points critique interieur[J]. Jap. J. Math, 1953, 23: 97-155.

[49] Grauert H. On Levi's problem and the embedding of real-analytic manifolds[J]. Math. Ann., 1958, 68: 460-472.

[50] Demailly J P. Complex analytic and differential geometry[M/OL]. http://www-fourier. ujfgrenoble. fr/ demailly/books.html, 1997.

[51] Chirka E M. Complex analytic sets[M]. Berlin: Springer Science & Business Media, 2012.

[52] Behnke H, Stein K. Entwicklung analytischer Funktionen auf Riemannschen Flächen[J]. Mathematische Annalen, 1947, 120(1): 430-461.

[53] Remmert R. Sur les espaces analytiques holomorphiquement séparables et holomorphiquement convexes[J]. C. R. Acad. Sci. Pairs, 1956, 243: 118-121.

[54] Narasimhan R. Imbedding of holomorphically complete complex spaces[J]. Am. J. Math, 1960, 82: 917-934.

[55] Bishop E. Mappings of partially analytic spaces[J]. Am. J. Math, 1961, 83: 209-242.

[56] Demailly J P. Analytic methods in algebraic geometry[J]. Mass: International Press Somerville, 2012.

[57] Kobayashi S. Differential geometry of complex vector bundles[M]. Princeton: Princeton University Press, 2014.

[58] Gamelin T. Complex analysis[M]. Berlin: Springer Science & Business Media, 2003.

[59] Ransford T. Potential theory in the complex plane[M]. Cambridge: Cambridge university press, 1995.

[60] Ahlfors L V, Sario L. Riemann surfaces[M]. Princeton: Princeton university press, 2015.

[61] Sakai M. On constants in extremal problems of analytic functions[C]. Kodai Mathematical Seminar Reports. Vol. 21. 2. Tokyo: Department of Mathematics, Tokyo Institute of Technology. 1969: 223-225.

[62] Andreotti A, Vesentini E. Carleman estimates for the Laplace-Beltrami equation in complex manifolds[J]. Publ. Math. I.H.E.S, 1965, 25: 81-1301.

[63] Ohsawa T. On the extension of L^2 holomorphic functions[J]. Negligible weights. Math. Z., 1995, 219: 215-225.

[64] Demailly J P. On the Ohsawa-Takegoshi-Manivel L^2 extension theorem, Proceedings of the Conference in honour of the 85th birthday of Pierre Lelong, Paris, September 1997, Progress in Mathematics[C]. Birkhäuser, 2000.

[65] Deng F, et al. Positivity of holomorphic vector bundles in terms of L^p-conditions of $\overline{\partial}$[J]. Math. Ann., 2022.

[66] Docquier F, Grauert H. Levisches problem und rungescher Satzfür teilgebiete Steinscher Mannigfaltigkeiten[J]. Math. Ann., 1960, 140: 1194-1235.

[67] Sadullaev S. Extension of pluri-subharmonic functions from a submanifold[J]. Dokl. Akad. Nauk UzSSR, 1982, 5: 3-4.

[68] Fornaess J E, Stensønes B. Lectures on counterexamples in several complex variables[J]. American Mathematical Soc., 1987.

[69] Fornaess J E, Narasimhan R. The Levi problem on complex spaces with singularities[J]. Math. Ann., 1960, 248: 47-72.

[70] Ohsawa T. L^2 approaches in several complex variables. Development of Oka-Cartan theory by L^2 estimates for the $\overline{\partial}$ operator[M]. Tokyo: Springer, 2015.

[71] Zhou X Y. A survey on L^2 extension problem, In: Complex Geometry and Dynamics. The Abel Symposium 2013[C]. Cham: Springer, 2015.

[72] Siu Y T. Analyticity of sets associated to Lelong numbers and the extension of meromorphic maps[J]. English. Bull. Am. Math. Soc., 1974, 79: 1200-1205.

[73] Deng F, et al. New characterizations of plurisubharmonic functions and positivity of direct image sheaves[J]. arXiv:1809.10371, 2018.

[74] Fornaess J E, Wu J. Weighted approximation in $\mathbb{C}^n$[J]. Math. Z., 2020, 294(3): 1051-1064.

[75] Ohsawa T. On the extension of L^2 holomorphic functions V-Effects of generalization[J]. Nagoya Mathematical Journal, 2001, 161: 1-21.

[76] Nadel A M. Multiplier ideal sheaves and Kahler-Einstein metrics of positive scalar curvature[J]. Annals of Mathematics, 1990: 549-596.

[77] Popovici D. L^2 extension for jets of holomorphic sections of a Hermitian line bundle[J]. Nagoya Mathematical Journal, 2005, 180: 1-34.

[78] Hosono G. The optimal jet L^2 extension of ohsawa-takegoshi type[J]. Nagoya Mathematical Journal, 2017: 1-20.

[79] Cao J, Păun M. On the Ohsawa-Takegoshi extension theorem[J]. arXiv:2002.04968, 2020.

[80] Guan Q A, Zhou X Y. Optimal constant problem in the L^2 extension theorem[J]. C. R., Math., Acad. Sci. Paris, 2012, 350(15-16): 753-756.

[81] Dong R X, Treuer J. Rigidity theorem by the minimal point of the Bergman kernel[J]. J. Geom. Anal., 2021, 31(5): 4856-4864.

[82] Ohsawa T. On the extension of L^2 holomorphic functions VIII—a remark on a theorem of Guan and Zhou[J]. Int. J. Math., 2017, 28(09): 1740005.

[83] Burbea J. Capacities and spans on Riemann surfaces[J]. Proceedings of the American Mathematical Society, 1978, 72(2): 327-332.

[84] Rademacher H. Topics in analytic number theory[M]. New York: Springer, 1973.

[85] Minda C D. The capacity metric on Riemann surfaces[J]. Ann. Acad. Sci. Fenn. Ser. A I Math., 1987, 12(1): 25-32.

[86] Ransford T. Potential theory in the complex plane. London Mathematical Society Student Texts 28[M]. Cambridge: Cambridge University Press, 1995.

[87] Guan Q A, Zhou X Y. Strong openness of multiplier ideal sheaves and optimal L^2 extension[J]. Science China Mathematics, 2017, 60(6): 967-976.